U0005884

大長今

細說宮廷料理

대장금의
궁중상차림

韓食財團

企劃編著

穿越歷史，引領潮流

　　飲食文化既是體現國家特色和文化的代表性媒介，也是提高國家品牌價值的珍貴財富。韓食文化一如韓國悠久的歷史，兼具了歷史傳統與多樣性的特色。

　　最近，韓流席捲全球，泡菜文化也被聯合國教科文組織列為世界文化遺產，韓國文化越來越受全球矚目，韓國飲食的歷史也因而備受關注。

　　為了適時反映這種時代潮流、定義韓國飲食文化，韓食財團正在推動韓國飲食原型復原計劃，力圖以歷史事實為基礎，追溯和重現韓國的飲食文化，進而使其轉化為現代飲食。

　　韓國飲食原型的探索主要以古典文獻和民俗繪畫為中心展開，本書擬以二〇〇三引發韓流熱潮的電視劇《大長今》中的宮廷飲食為主題，述說朝鮮時代的宮廷飲食。

　　本次編輯出版的《大長今細說宮廷料理》，介紹了七十多種宮廷美食的烹飪法以及其所蘊含的哲學與文化內涵。本文除了簡單扼要地介紹烹飪法外，同時還介紹了一些現代的擺飾法，無論是韓國人抑或外國人，都很容易掌握。

　　希望讀者能夠通過《大長今細說宮廷料理》，對高級韓國美食的代表—宮廷美食多一份親切感，並能夠親手烹飪，從而對當時的食物和韓食文化能有更深層的理解。

　　此外，讀者還可親臨韓食財團的官網(www.hansik.org)和韓餐檔案(archive.hansik.org)瀏覽《大長今細說宮廷料理》，這裡還為大家提供其他各種與韓食有關的內容。最後，在此向為編寫本書而付出心血的宮廷飲食研究院的研究人員和諸位執筆人員表示誠摯的謝意，期待各位讀者通過《大長今細說宮廷料理》，對韓食的歷史能有更深入的了解。

2016年12月

韓食財團理事長 尹淑子

再現宮廷美食的風華之味

　　「地球村時代」的稱謂如今已不再新鮮。不同於過去，今天的我們可以自由地往返於各國之間，接觸到豐富多彩的文化。甚至在網路的世界裡，國界與民俗的界限變得沒有意義，文化的波及力量更加強大。

　　但飲食稍微有些特別。目前我們還不能透過網路傳播「味道」，而任何民族對於「食物」的態度似乎都是很保守的。因此，與其他文化相比，飲食傳播的速度似乎更加緩慢，但人們一旦接觸到別國的飲食文化，印象也會更為深刻。

　　《大長今》是一部歷史劇，在距今十三年前，即2003年上映，其主要素材便是韓國的宮廷飲食。當時《大長今》引發了人們的熱議，「御膳」於是變成了「美味菜餚」的代名詞，而人們也往往會稱呼那些擅長做菜的人為「長今」。《大長今》不僅在韓國國內獲得了空前的成功，在國際上也引起了巨大的反響。外國人對韓國與韓國飲食關注程度的高漲，對旅遊產業、食品產業產生了巨大的影響。

　　韓食財團一直致力於韓國飲食文化的傳播，希望將韓國飲食文化廣泛地傳播到全球的每個角落，並策劃了一系列的韓食文化書籍，這些書籍還在持續出版。而且韓食財團也為我提供了一次宣傳宮廷飲食的機會，我因此有幸承擔了其中的一卷。當我獲得了這個機會時就在考慮，既然《大長今》曾引發人們對韓國飲食的強烈關注，並且至今仍留存在人們的記憶當中，何不將電視劇《大長今》的內容與這本書結合起來，更進一步地吸引人們對韓國飲食的關注，同時更加具體地宣傳宮廷飲食與宮廷文化呢？

　　所以我致力於編纂一部關於宮廷飲食文化的烹飪書籍，而這本書籍會根據電視劇情節，將王舉辦的宴會、準備宮廷飲食的「熟手」、宮女的服飾、獲得宮廷飲食材料的過程等一一記錄下來，既算是一種人文書籍，同時也會將電視劇中的食物菜譜與照片囊括其中。

時至今日，我們已經很難尋覓到古老配方的韓食了。廚師在烹飪韓食時，往往會迎合當代人的口味與取向，也經常嘗試與外國菜混搭，採用豐富多彩的碗碟與道具裝盤。但這本書的目的在於為讀者提供一種參考資源，因此這本書的菜譜完全傳承自舊日的烹飪方法。

　　在裝盤方面，這本書中會同時提供兩種風格的照片，即用古代碗碟裝盤的傳統風格，以及目前碗碟裝盤的時尚風格。

　　菜餚的產生不是偶然的，它的形成受時代背景的影響，也會隨著時間的流逝發生一些變化，並不斷地演繹。菜餚也不會停留在一個地方，而是不停地改變模樣，四處傳播。所以我們在品味一種食物的時候，也是在品味其中所蘊含的時代背景、歷史與風土人情，這難道不也令人感動嗎？

　　我希望這本書能夠像一粒種子，終有一天會長成參天大樹，結出豐碩的果實，也希望將我們心中的飲食與文化可以傳播到世界的每個角落，然後在那裡重現，變成一種新的模樣。

　　最後感謝韓食財團給我提供了編寫這本書的機會，感謝諸位工作人員為製作這本書所付出的心血。

2016年12月

宮廷飲食研究院院長 韓福麗

Contents

電視劇《大長今》
和宮廷飲食

《朝鮮王朝實錄》中出現的女性人物

　　《朝鮮王朝實錄》是編年體史料，其中整理、記載了朝鮮王朝諸位王在位期間所發生的主要事件。在中宗（1488～1544）實錄裡，「長今」這一名字曾經反覆出現。

　　「予累月未寧，今幾差復，藥房提調及醫員等不可不賞。（中略）醫女大長今、戒今各米太並十五石、官木綿、正布各十四，湯藥使令等賞賜有差。」

　　根據《朝鮮王朝實錄》中宗十年的記載，朝中大臣曾以未能治好王妃之病而請求懲罰長今，但是中宗卻沒有應允。原文記載如下：

　　台諫啟前事，又曰：「醫女長今之罪，又甚於河宗海。產後衣襨改御時，請止之，則豈致大故？刑曹照律，不用正律，而又命贖杖，甚為未便。」皆不允。

從《朝鮮王朝實錄》中可知大長今的確是歷史上曾經真實存在的人物。

古籍中的人物在電視劇中重生

根據《朝鮮王朝實錄》的記載我們可以推測，「大長今」這位女性曾經長時間活動於宮廷之中，在女性地位低下的朝鮮時代，曾破例擔任較高的職位，並獲得了王的信任。但對於「大長今」的本名和身世，歷史上卻找不到任何相關的資料。

電視劇《大長今》的製作團隊和編劇正是基於這一點，策劃了這部關於一位年輕女性活躍於宮廷之中並獲得成長的電視劇。在《大長今》之前，女性在以宮廷為背景的歷史劇中大都被塑造成妖婦，她們總是企圖誘惑王以謀得權勢，因此《大長今》的角色設定，獲得了許多觀眾的迴響。

此外，朝鮮王朝時代有一種「醫食同源」的思想，他們認為擅長治療身體和擅長烹飪並沒什麼不同，因此負責王室醫藥的機構「內醫院」不僅承擔了配藥的任務，還得負責管理王的食譜。「醫食同源」思想的背後是「陰陽五行」的思想，這就是要求物質的根本即金、木、水、火、土等五行，必須和酸、甜、苦、辣、鹹等五味，以及青、黃、赤、白、黑等五色相配合，五食也必須靈活利用五色和五味，才能對身體產生良好的影響。

為了增加趣味，電視劇《大長今》的製作團隊便以此為根據，讓劇中主角長今在成為醫女之前，先做御膳房的宮女，因此《大長今》的前半部分，一直在講述一位幼女進宮學習烹飪，並成長為一名烹飪師的過程。

成為電視劇主角的料理

電視劇《大長今》裡出現了許多宮廷美食，為了增強電視劇的寫實性，製作團隊特意邀請了無形文化遺產、朝鮮王朝宮廷飲食技能保有者韓福麗老師擔任該電視劇中所有

宮廷食物的考證和製作的工作。

在飲食考證方面，面臨的最大問題就是，在電視劇的時代背景即中宗時代，幾乎沒有宮廷飲食的相關記載，因此要重現當時的宮廷飲食相當不易。韓福麗老師以最後一任廚房尚宮韓熙順尚宮傳授給自己的宮廷飲食烹飪方法為基礎，另外還參考了儀軌的記載，以及曾擔任過醫官的全循義所著的《山家要錄》（1450），和安東張氏夫人用韓文所寫的《飲食知味方》（1670）等關於古代飲食的文獻，才創造出在《大長今》裡亮相的飲食。

當時的飲食和現在有諸多不同。首先胡蘿蔔、洋蔥等食材在現代烹飪中被認為是不可或缺的，但這些食材在當時並不存在，而且當時的烹飪方法多為蒸煮，所以色澤並不鮮豔，為了讓這些食物在螢光幕上呈現出美味的一面，製作團隊下了不少功夫。另外，像熊掌、鯨魚肉這樣珍貴的食材，以前是經常出現在王的餐桌上的，但這些食材現在並不好找，因此熊掌不得不用帶皮五花肉代替，而鯨魚肉則不得不用質感相似的牛肉代替。

除了食材和烹飪方法，在拍攝《大長今》時還有一個難點。一般來說，韓國電視劇的拍攝和劇作家創作劇本幾乎是同時完成的，拍攝完成之後第二天就會立刻上映，《大長今》也是如此，電視劇每週一、週二上映，而劇本往往是前一週才完成。因此，在拍攝大長今時，每每都爭分奪秒，首先確認劇本是否有與考證不符之處，然後準備食物，最後才由製作團隊徹夜不休地進行拍攝。

因此，在短短的時間之內烹飪出拍攝時所需要的食物，是電視劇拍攝過程中最重要的問題。而且更困難的地方在於電視劇的每一集不光要求呈現出成品，若劇本中有剛剛開始烹飪的場面，那麼就也需要另外準備烹飪了一半的食物、剛剛開始烹飪的食物等等。如果出現王就餐的場面，那麼需要準備的食物就會有十五種之多，如果出現宴會的場面，那麼需要準備的食物就會有一百多種。

作為一部以飲食為內容的電視劇，需要烹飪的食物種類相當繁多，整部電視劇中出現的食物種類達一千六百種。

《大長今》的人氣

就這樣，《大長今》在2003年秋上映，由於電視劇的超高人氣，演員李英愛瞬間躍升為韓流明星。

《大長今》出口至日本、中國等全球六十多個國家，受到了熱烈的歡迎，引發了人們對韓國和韓國飲食關注的熱潮。特別是《大長今》在香港獲得了百分之四十七的收視率，在伊朗更是創下了百分之七十的空前紀錄，據某研究數據顯示，《大長今》創造出了四百六十四億韓元的直接經濟效益，一千一百一十九億韓元的生產連動效益，三百八十七億韓元的附加價值連動效益。

本書的策劃動機

對於曾經收看過電視劇《大長今》並對韓國宮廷飲食感興趣的觀眾，可以通過本書回想電視劇的內容，同時更加深入了解韓國的宮廷飲食和宮廷文化。即便是從未看過《大長今》的讀者，通過本書不僅可以學習到食譜菜單，還可以接觸到和飲食有關的韓國文化和故事。

1 宮廷飲食，
是由誰烹飪？

從用小手往松子上插松針的小宮
女、到默默地守護保證宮廷食物味
道的醬缸、呈上御膳的尚宮，宮廷
食物要經多人之手。

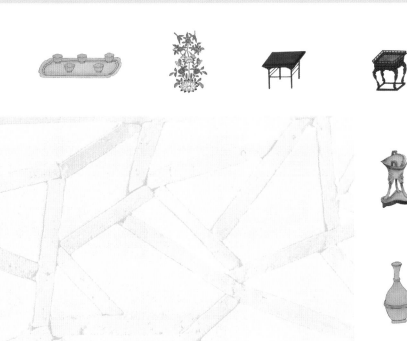

駝酪粥

踏入退膳間的小宮女打翻了王的消夜

> 由於長今是孤兒，不但受到其他小宮女的歧視，還被趕出房間，瘦小的連生一直與她形影不離，兩人就開心地在宮廷中閒逛。她們很偶然地走進退膳間，不料竟一個不小心打翻了一碗做好的駝酪粥，這碗駝酪粥是王的消夜。碗中的白粥就是駝酪粥。所謂的「駝酪」指的是牛奶，在當時只有特權階層和宮廷王室才能享受到這種營養品。碰巧那日王的身體特別不好，這碗駝酪粥是特別為他準備的，十分寶貴。長今和連生這兩個小宮女被關進倉庫裡，面臨著被趕出宮外的危機。

從駝酪粥看宮廷的日常飲食｜初早飯

宮廷的早飯時間在十點左右，對於凌晨就起床的人來說，要到十點吃早飯，必定已是饑腸轆轆。為了撫慰饑餓的肚子，王在早飯之前還會吃一點食物。由於這頓飯的時間比較早，所以稱之為初早飯或座前早飯。初早飯時一般會呈上一些利於養生的粥或補藥。經常出現在初早飯御膳桌上的食物有白粥、松仁粥、芝麻粥、牛乳粥、黑芝麻粥、杏仁粥、大棗米湯、三味米湯、黏穀米湯等。由於擺桌需要清爽，因此小菜也很簡單，一般是一些清湯、乾菜、帶湯泡菜等。由於清湯是用蝦醬調味的，因此也被稱為蝦醬清湯。除此以外，還有蜂蜜湯、蘿蔔湯、明太魚子湯、南瓜湯等。乾菜主要有將明太魚乾打至蓬鬆以後做成的涼拌明太魚即明太魚脯團，以及用蜂蜜拌好以後放在茶食板中的脯茶食、鹹魚炒海帶，還有將海帶打結以後炸製而成的炸海帶結等。

蘿蔔泡菜

駝酪粥　　　　　　　櫛瓜豆腐蝦醬湯

駝酪粥

材料

米1杯（160g）、水4杯（800㎖）、牛奶4杯（800㎖）、鹽、白糖根據個人口味添加

準備

1 將米淘洗兩次，在水中浸泡30分鐘左右，待米泡開以後將水瀝乾。將浸泡好的米和2杯水加入攪拌器中磨碎，用細篩子過濾。

2 將牛奶熱好。

做法

3 將已經磨好的米水放到平底鍋中，加入剩下的兩杯水，用中火熬煮。熬煮時，需用木鏟不停地攪動，直至粥變黏稠。

4 當粥開始變黏稠時，一點點地加入熱好的牛奶，並不停地攪動，直至將濃粥均勻地稀釋。

5 趁熱盛入碗中，另外單獨準備好食鹽和白糖，根據個人口味酌量添加。

• 蘿蔔泡菜的做法是將蘿蔔切成大小方便食用的正方形，白菜切小段，加入食用鹽醃漬，然後去除水分，加入切好的蔥、薑、蒜等佐料，再加入辣椒粉，最後倒入之前濾出的淡鹽水發酵。

櫛瓜豆腐蝦醬湯

材料

牛肉50g、水2.5杯（500㎖）、鹽半匙、櫛瓜半個（150g）、豆腐100g、紅辣椒半個、香蔥2棵、蝦醬1大匙、香油1滴

肉醬料 醬油1小匙、蒜泥半小匙、香油半小匙、胡椒粉少許

準備

1 將牛肉切成細條，拌入肉醬料。

2 先將櫛瓜切成0.5cm的厚度的圓片，然後再將圓片從中間橫豎各切一刀。

3 將豆腐切成四邊1cm的正方形。

4 將紅辣椒的籽除掉，切成2cm長的細絲，將香蔥切成3cm長的絲。

5 將蝦醬打碎。

做法

6 在鍋中加入水，再加入食鹽煮開。待水沸騰以後加入醃漬好的牛肉，做成清醬湯。

7 在煮好的醬湯中加入櫛瓜、豆腐、紅辣椒，直至湯中的食材浮上來。

8 等湯中的食材浮上來以後，加入打碎的蝦醬調味，加入蔥絲，關火以後加入一滴香油。

• 如果沒有蝦醬可以使用食鹽調味。

櫛瓜和蝦醬

炸海帶結

材料
乾海帶20cm、松子2小匙、胡椒粒1小匙、白糖
1小匙、食用油2杯（400ml）

準備

1 將乾海帶用濕棉布擦拭，然後包起來至其變
濕軟，再用剪刀將海帶剪成寬1cm、長10cm
大小。

2 將剪好的海帶一片片地打結，在結中間放上
松子和胡椒子各一粒，然後拉緊，防止它們
掉出來。

3 將打好結的海帶放在柳條盤上，放在通風的
地方晾一天。

做法

4 將晾乾的海帶放入180℃的油中炸至海帶結
漂上來，然後撈出，趁熱撒上白糖。

明太魚脯團

材料
明太魚脯 60g

醬油拌料 醬油1小匙、白糖1小匙、芝麻鹽1小
匙、香油2小匙、胡椒粉少許
食鹽拌料 食鹽半匙、水1小匙、白糖1小匙、
芝麻鹽1小匙、香油2小匙、胡椒粉少許
辣椒粉拌料 細辣椒粉1小匙、食鹽半匙、水1
小匙、白糖1小匙、芝麻鹽1小匙、香油2小匙

準備

1 將明太魚脯切成1.5cm的長度，放入攪拌機
中，粉碎至蓬鬆狀。

做法

2 將醃料分別根據各自標示的分量，做成三種
顏色的拌料。

3 將粉碎至蓬鬆狀的明太魚分成三等份，分別
與三種拌料拌在一起。

4 將三種顏色的明太魚脯團裝在同一個碗中。

明太魚脯團

炸海帶結

內醫院製作的駝酪粥

〈麝臍帖〉中的「採乳」（趙榮祐，1726年左右）。這幅畫描繪了內醫院醫官和一位戴紗帽的男子（貌似司饔院官員）正在擠牛奶的情景。

朝鮮時代王的養生飲食

「駝酪」指的是牛奶，在朝鮮時代所有的牛奶產品都被稱為駝酪。在朝鮮時代使用牛奶製作而成的駝酪粥是貴族階層特別喜歡的養生食品。

現在任何人都可以很容易地購買到牛奶，但在朝鮮時代牛奶卻是一種珍貴的食材，在王精神不佳或是生病時還會特別地將其當做藥材使用。王室使用的牛奶由現在位於鐘路區昌新洞地區的駱山牧場供給。

《朝鮮王朝實錄》中也屢次出現關於牛奶和駝酪粥的記載，特別是仁宗二年（1545）二月十日有「上體極弱極傷，非他藥餌之所能治。心熱已生，恐又生他症，

臣等不勝憫極。前啟駝酪，今須進御」的記載，由此可知朝鮮王朝時將牛奶廣泛用作養生食品。

朝鮮時代內醫院除了承擔為王室配置藥材的職責以外，有時候也會親自製作一些具有養生功能的湯類，以及一些幫助調味的醬類等，而由牛奶製作而成的駝酪粥也並非由御膳房所烹調的，而是內醫院根據處方直接製作、敬獻給王的。

另外王有時還會將駝酪粥賜給王族或是年邁的大臣。《東國歲時記》中就有相應的記載，說內醫院從十月初一至正月都會烹飪駝酪粥進獻給王，有時還會送到耆老所分給耆臣享用。所謂的「耆老所」是一個名譽

電視劇《大長今》中長今打翻的駝酪粥。

根據高宗末年流傳的故事，有些醫女在別宮之中別入侍（不經程序因私事晉見王），與王共度良宵，這樣的醫女被隱晦地稱為「分駱妓」，指的就是和王一夜風流之後，與王共食初早飯駝酪粥的藥房妓生。

機構，是太祖三年時為了讓開國功臣安度晚年而成立的，只有超過七十歲、正二品以上的文官才能夠進入耆老所。朝鮮時代認為農曆十月是冬天的開始，因此便從十月向他們提供養生食品駝酪粥，好讓老人們度過嚴寒的冬季。

照顧宮廷女子的醫女

內醫院是宮廷專屬的醫療機構，常駐於宮廷之中。醫員隸屬於內醫院，主要的任務是為王等王室和朝中大臣看病。內醫院用當時最高水平的醫療知識，看顧大王的身體，為其治療疾病，並成為醫療知識的集大成者，同時還得將這些知識編纂成書，向民間普及。

醫女屬於下等職位的宮女，執行的是類似於現代的助理、護士、醫生等特殊職務。在朝鮮時代，中人以上的身分不從事醫員這種職業，因此官廳往往從官奴中選拔醫女，讓她們學習診脈、針灸等醫術，成為醫女之後，為王的妃嬪、宮女等人針灸，產婦在生產時也會讓她們擔任助產士。在女性居多、男女有別十分嚴格的宮廷之中，當宮中的女子生病之時，醫女是不可或缺的。

根據《經國大典》的記載，在向醫女教授一段時間的醫術之後，她們部分會留在太醫院，剩下的則送至地方官府。年輕貌美的醫女有時還會成為宮廷宴會上跳舞的舞姬，有時候也會負責搜查官的工作，調查宮女的舞弊行為。

連不愛吃生薑的王
也讚不絕口

生薑卵

> 韓尚宮發現長今和連生不小心打翻了王的消夜後，急忙翻找材料重新開始煮消夜。可是廚房裡能使用的材料就只剩下蓮藕和生薑，無奈之下，就將蓮藕磨成粉，做成藕粉羹，生薑則剁成細末狀，用水沖洗數遍後，放入開水中氽燙一下，然後加入蜂蜜熬煮成生薑卵。當時的王不愛吃生薑，所以當看到韓尚宮做出這樣一道食物，所有人都替她捏了一把汗。然而，費盡心思的烹製過程，完全消除了生薑特有的辛辣味，王嘗過一口之後，讚不絕口，大家這才鬆了一口氣。

宮廷茶點｜生薑卵

　　將生薑剁成細末狀後，用清水沖洗數遍，消除其特有的辛辣味，然後加入蜂蜜熬煮一段時間，再放入一些生薑太白粉使其凝結。熄火放涼後，將其捏製成形，最後在表面滾上一層松子粉即可。生薑卵又名「薑卵」「生卵」。取自生薑的生薑太白粉即薑粉是一種十分珍貴的食材，不僅可用來製作生薑卵，還是製作茶食的好材料。相傳，人們經常在喝完苦澀的韓藥後，吃一塊用薑粉製作的茶食，以消除口中苦澀的味道。生卵，顧名思義就是形狀似蛋。除了生薑以外，大棗、栗子等也經常煮熟搗碎後做成圓球狀，被人們稱為棗卵、栗卵。

生薑卵

材料

生薑（去皮）400g、清水3杯（600㎖）、白糖200g、鹽1小匙、糖稀2大匙、生薑太白粉30g、蜂蜜1大匙、松子粉1杯

準備

1 將生薑切成薄片後放入攪拌機中，再加入兩杯水，一起打碎成細末狀。
2 將打碎的生薑用細篩子篩過後，用清水沖洗數次，以消除辛辣味，漂洗後剩下的水裝在大碗中備用。
3 沖洗過的生薑水放置一邊，直到碗底出現一層白色的生薑粉末沉澱。

做法

4 將生薑細末和一杯清水、適量的白糖和鹽放入鍋中一起熬煮，煮開後，倒入一些糖稀，將火調小，繼續用文火熬煮約三十分鐘，直至熬成果醬狀。
5 將大碗裡的生薑水，倒出上面的清水，刮下碗底的太白粉。
6 等到生薑成為較稀的果醬狀態後，加入生薑太白粉均勻地攪拌，再倒入蜂蜜繼續熬煮三分鐘，然後熄火放涼。
7 將果醬狀的生薑揪成10g大小的小塊後，用手捏成三個角的生薑形狀，最後黏上松子粉即可。捏製形狀的時候，手上沾一些白糖水，可以防止黏手，更容易捏出形狀。

• 將松子放在吸油紙上，用薄刀碾碎或用起司刨絲器研磨成松子粉。

材料

烹煮食物的「燒廚房（御膳房）」宮女們

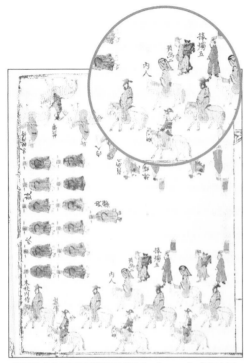

《英祖貞純王后嘉禮都監儀軌》（1759）「班次圖」中的宮女和尚宮。

宮女的故事

宮女是宮中女官的簡稱，從正五品的尚宮，到四、五歲的小內人全部統稱為宮女。宮女分屬於至密（寢室）、針房、繡房、洗漱間、生果房、燒廚房、洗踏房等部門，各自承擔著不同的工作。宮女的品級大致分為尚宮和內人。宮女們自小入宮，通常，至密宮女是四、五歲入宮，針房和繡房的宮女是七、八歲時入宮。至密意為寢殿，至密宮女在最年幼的時候入宮，因為至密宮

女要貼身伺候王和嬪妃，必須從小學習和領會王室文化，才能更好地服侍主子。針房和繡房的宮女入宮也較早，同樣是因為需要從小通過師徒式教育，掌握熟練的技術。此外，負責烹煮食物的燒廚房（即御膳房）和清洗宮中衣物的洗踏房、製作飲品和糕餅的生果房、準備洗臉水和洗澡水以及內殿清掃的洗漱間等部門的宮女則可以較晚入宮。

幼年進宮的宮女被稱為小宮女，對於一直獨身的宮女來說，這些小宮女就像自己的

孩子一樣可愛，等到小宮女長到七、八歲的時候，就開始接受一些基本教育，以培養她們成為宮女。入宮十五年以後，宮女就會行笄禮，成為正式內人。成為正式內人以後再過十五年，等她們三十五歲至四十五歲時，才會獲得尚宮釵。

宮女的笄禮兼有成人禮和婚禮的意義，行過笄禮以後就意味著要一輩子侍奉王、為王守節，因此行笄禮時宮女要盛裝打扮，穿圓衫、戴三聯腰佩、頂假髻向長輩行禮，也要從娘家準備好食物舉辦宴會。行過笄禮、成為正式內人以後，宮中就會給她們分配房間，一般兩、三位宮女共用一間宿舍，直到她們成為尚宮，都會一直共同生活。

在電視劇《大長今》中曾出現過這樣的場面：為了鍛鍊小宮女手指的感覺，讓她們反覆練習將松針插到松子上的技術。小宮女在練習時需要將一根根松針插到松子上，每五個一組用紅繩捆起，這樣處理好的松子經常和肉脯一起作為下酒菜。松子尖尖的底部還留有褐色的包衣，宮中訓練小宮女將其撕掉，然後在松子上插松針，以強化她們手指的觸感。

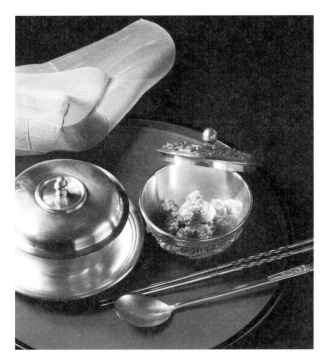

與湯藥一同進獻給王室的生薑卵。向王、王妃等進獻湯藥時，在提調和御醫的監督下，由指定的醫官製作藥碟。在進獻湯藥時，先由提調試味，然後將其盛放到藥碗中，在一小片紙上寫上湯藥的名稱，貼在碗蓋上，放到小飯桌上。小飯桌上再放上一些生薑卵、大棗炒等點心，最後用手絹蓋住。

軟柿子竹筍菜

正因散發著柿子的味道
所以名字中帶著「柿子」

"為了慶祝醬庫尚宮鄭尚宮登上最高尚宮的寶座，宮中舉行了一場宴會，其中有一道竹筍菜，成為了測驗諸位宮女絕世味覺的題目。今英作為一名小尚宮，卻自恃擁有絕世味覺，而坐在了上席，鄭尚宮對此感到很詫異，便讓她品嘗竹筍菜中的調料。今英如數家珍地將竹筍菜中的食材一一道出，甚至將單獨炒出的肉和香菇裡所加的調料都列舉了出來，唯獨沒有猜中竹筍菜甜味的祕密是「柿子」，反倒是長今猜對了。這一場面意在提醒我們不應僅憑腦袋去體會食物的味道，而當用舌頭去領會，這種謙虛的態度是很重要的。

《大長今》中把柿子當做竹筍菜的調料，為的是增加電視劇的趣味性，實際上宮廷中並不曾在烹調時使用柿子。當時白糖是一種珍貴的食材，製作團隊考慮到這一點，才想出了這個點子，使用散發甜味的柿子來突顯小長今獨特的味覺。"

蔬菜類食物的烹飪方法 |「菜」

「菜」指的是以蔬菜為主材料，再加入其他素菜、肉類和調味料（芥子醬、醋醬油、香油醬）等，然後拌成的菜。使用這種烹調方法製作的食物有蕩平菜、足菜、雜菜、芥末菜、生菜、魚菜等。

竹筍菜的食材用的是晚春時節的竹筍，它可以促進春天的味覺，是一種味道清香的食物。將竹筍切成梳齒狀翻炒，然後加入芹菜、綠豆芽、辣椒和肉等五色食材，再用微酸的醋味醬油涼拌。醬油、白糖、醋的鹹味、甜味、酸味構成完美的組合，清爽的味道堪稱極品。

軟柿子竹筍菜

材料

竹筍（水煮過的）200g、牛肉（牛臀肉）50g、乾香菇1朵（中）、芹菜50g、綠豆芽100g、紅辣椒半朵、雞蛋1個、食用油2大匙、鹽1¼匙

醃肉調料 醬油半匙、白糖1小匙、蔥末1小匙、蒜末半小匙、芝麻鹽半小匙、香油半小匙、胡椒粉少許、食用油1小匙

加醋醬油調料 醬油2大匙、水2大匙、醋2大匙、白糖1大匙、芝麻鹽2小匙

柿子醬調料 柿子汁4大匙、醋2大匙、白糖1大匙、蜂蜜半大匙、鹽少許

準備

1 先將竹筍對切，然後切成4～5cm的長度，再利用竹筍的梳齒形狀，切成細絲，在水中多次沖洗，最後瀝乾水分。

2 牛肉切絲，將乾香菇放在冷水中泡發1小時左右，然後切絲。將牛肉和香菇放在一起拌上醃肉調料。

3 挑掉芹菜葉，在煮開的水中加入1小匙鹽，放入芹菜泡30秒左右，然後用冷水沖洗，將芹菜切成4cm長，瀝乾水分。

4 挑掉綠豆芽末梢的部分，然後放入沸水中汆燙1分鐘，用涼水沖洗後瀝乾水分。

5 取出紅辣椒的籽，切成3～4cm長。

6 將雞蛋的蛋清、蛋黃分離，¼小匙鹽，攪拌均勻，在燒熱的平底鍋中抹上1大匙食用油，用廚房紙巾擦淨後用文火煎成薄薄的一層，然後切成3～4cm的長度。

做法

7 在平底鍋中加入1大匙食用油並使其均勻覆蓋在鍋底，加入竹筍翻炒三分鐘之後，裝到大盤中放涼。

8 在平底鍋中加入1小匙食用油，將醃好的肉和香菇用中火炒熟，裝到大盤中放涼。

9 製作涼拌調料。
醬油中加入水、醋、白糖、芝麻鹽，混合之後製成醋味醬油調味汁；將柿子在篩子上擠壓，在擠出的柿子汁中加入醋、白糖、蜂蜜、鹽，攪拌之後就成了柿子調味汁。

10 在碟子上擺好竹筍，芹菜，綠豆芽，牛肉之後，妝點雞蛋絲和辣椒絲，淋上加醋醬油調料即可上桌。

- 也可以使用竹筍罐頭。
- 涼拌調料可以使用醋味醬油調味汁和柿子調味汁中的任一種。

醋味醬油調味汁
和柿子調味汁

材料

3～8

柿子

9

負責宮廷飲食生活的司饔院和內侍府

小宮女和舉行過笄禮的尚宮。

宮中的烹飪者

生活在宮廷之中的王、王妃、大王大妃、世子、世子嬪等王族有二十多位，他們分別居住在大殿、中宮殿等獨立的宮殿之中。各宮殿之中不僅有宮女和內侍，更有從事雜務的賤民，他們或常住在宮中，或生活在宮外，往返於宮廷之中從事各種雜務。

掌管宮廷飲食生活的機構是司饔院。司饔院不僅要準備王族的日常飲食，還要為宮廷宴會、狩獵活動、溫泉出遊、比武等活

動準備必要的食物，甚至還負責為隨時進宮的宗親、官員、守備的軍人等提供飲食。食物的烹調要接受官員的指示，由專門負責烹飪的人擔任。

內侍府和司饔院的職務有密切的關係。從食材的接手，到所有宮廷內飲食的相關事宜，都是由這些宦官督查的。《經國大典》將內侍府的職務定義為「掌管大內之監膳、傳命、守門、掃除等」，這裡所謂的「大內」雖然是指整座宮殿，但他們的主要任務依然是在近側侍奉王、王妃以及世子，因此內侍府的人員主要圍繞著大殿、中宮殿、世子殿（世子宮）構成。所謂的「監膳」，指的是檢查食材的品質和清潔狀態的事務，內侍府中負責相關職務的官員有從二

品尚膳、正三品尚醞、正三品尚茶，皆是內侍府最高的職位。內侍府的最高職位「尚膳」，也被稱為「都薛里」，掌管宮內所有和飲食有關的事務。「薛里」原是蒙古語，指的是在大殿和王妃殿、世子宮中掌管各種事物的內侍，「薛里」承擔各自宮中食物的監膳。

朝鮮後期的宮廷中，平時御膳的烹飪由燒廚房的宮女負責。在御膳房工作的宮女大概在十三歲左右入宮，跟隨管理自己的尚宮學習食物的烹調，在十到十五年之後行笄禮，成為正式內人，開始烹調。因此，四十歲左右的廚房尚宮大概有三十年以上的烹調經歷，可謂專業的烹調者。

在電視劇《大長今》中，本是醬庫尚宮的鄭尚宮成為最高尚宮以後，宮女們為她舉行了慶祝宴會，鄭尚宮詢問大家竹筍菜中的調料是什麼，只有長今回答有柿子的味道，震驚四座。

竹筍自古以來就是韓國人經常吃的蔬菜，既可以當季吃，也可以用鹽進行醃漬或是曬乾保存。宮廷之中一般在五、六月進獻生竹筍，次月進獻醃竹筍。和其他的當季食品一樣，在宗廟祭祀中，竹筍被當做是首先進獻給祖先的薦新品種。

長時間與醬打交道的
醬庫尚宮的智慧與實力
貊炙與燉軟豬肉

> 因為一直以來鄭尚宮對權力都沒有任何貪欲，專心負責醬庫，過著悠然自得的生活。提調尚宮為了守護家門的榮耀一直等待著時機的來臨，她很輕視鄭尚宮，卻又舉薦鄭尚宮為最高尚宮，打算將鄭尚宮像木偶一般玩弄於股掌之中。然而，鄭尚宮成為最高尚宮之後，在第一次進獻御膳時，就備受王的讚賞，因為她進獻了用古時流傳下來的祕訣烹飪而成的貊炙，使提調尚宮一家不禁流露出恐慌之色。醬庫尚宮的祕訣就在於，使用以大醬稀釋的水代替醬油來醃漬豬肉，去除豬肉的雜味。

醬味食物｜貊炙

貊炙是用醬油和大醬醃漬的烤豬肉。過去的貊炙和現代的醬烤豬肉的區別就在於，現代的醬烤豬肉會大多使用辣椒醬、辣椒粉混合醬油與其他材料醃漬，醃漬而成的豬肉呈現紅色，而古時是使用大醬和醬油混合的醃料。高句麗時代人們主要用狩獵來的肉烹調食物，考慮到這一點，大醬的使用應當是為了去除肉的腥羶味，讓肉質更加柔軟，為料理帶來更香醇的味道。因此，將醃漬的肉類直接放在火上燒烤的傳統，自高句麗時代以來就一直為韓民族所喜愛，成為韓民族代代相傳的肉類烹飪方法。

貊炙

材料

豬肉（頸肉）400克、山蒜10g、韭菜10g、大蒜2粒（10g）、生薑（去皮後）3g、食用油2大匙

大醬醬料 大醬1大匙（15g）、水1大匙、醬油1大匙、清酒1大匙、糖稀或蜂蜜1大匙、白糖半大匙、香油半大匙、芝麻鹽半大匙

準備

1 將豬肉切成1cm左右的厚度後，肉面用碎刀法處理。

2 將山蒜和韭菜切碎，大蒜剁得粗一些，薑剁細。

3 在大醬中加入醬油和水稀釋，然後加入剩下的調料和山蒜、韭菜、大蒜，製成大醬醃醬。

做法

4 在肉中揉入醃醬，然後靜置三十分鐘。

5 待醃醬滲透進肉中以後，在燒熱的平底鍋中加入2大匙食用油燒烤，或是將其切成適合在烤盤中燒烤的大小。

————————

• 在呈上烤肉的時候，最好與生菜等大葉蔬菜一同呈上，包著吃味道更佳。

• 由於貊炙是用大醬調味的，因此在用生菜包著吃的時候不需要包飯醬。

• 如果沒有山蒜，可以用火蔥或洋蔥來代替。

豬肉（頸肉）

3

4

燉軟豬肉

材料

豬肉（大塊五花肉）1kg、大蔥1根、大蒜10粒
（50g）、薑1塊（10g）、乾辣椒2條（3g）、食用
油5大匙

輔材料 豆腐300g、乾無花果50g、大棗5個
（25g）、銀杏10粒（20g）、杏仁30g、核桃20g

醬汁 醬油1杯（200㎖）、水1杯（200㎖）、
清酒¼杯（50㎖）、糖稀（100㎖）、白糖半
杯、蔥50g、大蒜25g、薑30g

準備

1 將豬肉放入冷水中浸泡20分鐘去除血水，然
  後撈出放入2ℓ水中，加入一半大蔥、大蒜、
  薑，煮40分鐘。

2 將豆腐切成長寬2cm的正方形，在平底鍋中
  加入2大匙食用油，將豆腐煎至金黃。

3 將乾無花果放入冷水中泡發30分鐘，然後瀝
  乾水分，將大棗滾刀切塊，去除中間棗核。
  銀杏要炒一下，核桃和杏仁汆燙5分鐘，然
  後瀝乾水分。

做法

4 在平底鍋中加入三大匙食用油，加入乾辣椒
  和剩下的大蔥、大蒜、薑，炒出香味後加入
  煮好的豬肉，用中火烤至豬皮發脆。

5 將所有的醬汁材料加入深口鍋中煮30分鐘，
  不停攪拌，待所有的材料都混合在一起了，
  再煮十分鐘左右。

6 把煎好的豬肉放入醬汁之中，烹煮30分鐘以
  後將準備好的輔材料全部放入，繼續烹調10
  分鐘。

7 將豬肉切好盛入盤中，並將輔材料一同盛
  上。

材料

輔材料

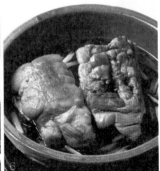

宮中的醬缸台

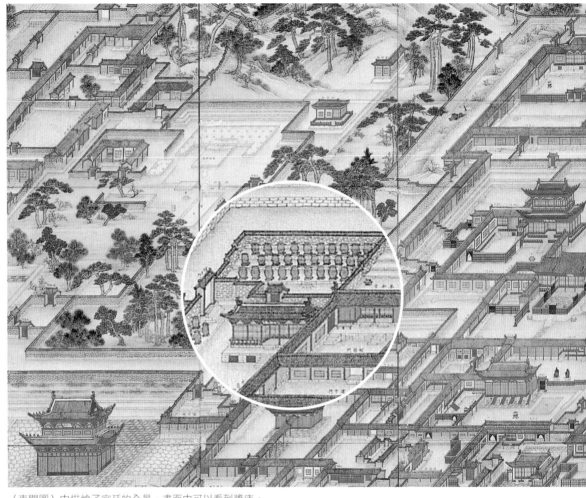

〈東闕圖〉中描繪了宮廷的全景，畫面中可以看到醬庫。

醬庫與醬庫尚宮

　　民間一般將儲藏各種醬的地方稱為「醬缸台」，但是宮廷中則將其稱為「醬庫」，負責管理醬庫的人就是醬庫尚宮。一般在宮廷或大型寺廟之中，會在一片陽光充足、通風良好又寬闊的地方儲藏大醬，而且周圍還會建築圍牆，設置大門，拴上門栓，

掛上鎖，不許人隨便進出，管理非常嚴格。一般來說，一座醬庫的大小和一間大教室的大小差不多，醬庫的地上鋪著四四方方的磚石，一些小肚子的、類似於蝦醬缸的大缸整齊地排列著，據說醬缸是根據醃醬時間的長短來排列的。宮廷中儲存醬的大缸沒有上釉，缸面泛出灰光，缸口比較大，缸的高度

電視劇《大長今》中登場的醬庫的外景地。

有一百公分多，非常巨大。《東闕圖》從俯視的角度描繪了朝鮮後期被稱為東闕的昌德宮和昌慶宮的樓台亭閣，在《東闕圖》裡，我們可以看到好幾處看似是醬庫的地方，這告訴我們在宮廷飲食生活之中，醬所占的比重是很大的。

醬庫尚宮的工作是帶領宮女醃醬、分醬。她們早上早早起床，把自己裝扮整齊以後，將一列列的醬缸擦拭乾淨，然後打開蓋子，由此開始新的一天。宮廷中的醬缸是按照醬的釀造年分排列的，而醬庫尚宮的主要任務就是早上打開醬缸，將減少的醬補充上，為確認醬缸裡的醬總是滿的，必須不停地釀造醬。如果因為在烹調中用掉了一些醬，或是被陽光蒸發導致醬減少的話，就會將釀造時間比較短的大醬移到年分比較久的醬缸之中，將其填滿。

古籍中記載的烤醃肉的起源

今天我們一般將宮廷烤牛肉和烤肉視為傳統的醃漬烤肉，其實我們可以從貊炙的烹調方法中找到起源。崔南善在《故事通》中曾經描述過貊炙，他說：「中國晉代的《搜神記》中有這樣的記載，『羌煮，貊炙，翟之食也。自太始以來，中國尚之。貴人富室，必畜其器。吉享嘉賓，皆以為先。戎翟侵中國之前兆也。』」然後崔南善又說：「貊指的是東北的扶餘人和高句麗人，也就是說『羌煮』是蒙古的肉菜，而貊炙則是在北方進行狩獵生活時開發出的一種烤肉。」

到高麗時期佛教成為國教，肉食衰退，至十三世紀蒙古開始支配高麗，肉食才又復甦，隨著許多蒙古人和回教徒來到開城生活，貊炙又以「雪下覓」的名稱重新回歸到人們的生活。

將米飯與福氣
一同包起

生菜包飯

> 鄭尚宮長時間負責醬庫，自她成為最高尚宮以來，迎來了一次最大的危機：醬的味道變了。醬裡並沒有淋到雨水，也沒有少曬太陽，為照料醬缸所付出的心血也不比往年少，那麼大醬的味道究竟為什麼會發生變化呢？韓尚宮和崔尚宮出面調查事情的真相。她們查看了製醬的重要因素，即食鹽和醬麴，仔細搜尋了擺放醬缸的地方，並未發現有什麼異常，崔尚宮最終將自家製作的醬拿來，了結了這件事情。但是長今在一個村裡發現，這個村子的人都將自家的醬缸放到城隍廟，因為放在那裡大醬的味道會變好。她留心地觀察了附近的環境，查明了花粉是大醬美味的祕訣。由於樹葉經常會掉到醬缸裡去，宮中便將醬庫周圍的樹木全都砍掉，導致大醬的味道發生了變化。

隨時可以享受的包飯｜生菜包飯

自古以來韓國人就喜歡吃包飯，韓國人不僅會用萵苣、白菜、生海帶、南瓜葉、芝麻葉、豆葉以及正月十五吃的蓖麻子葉等葉子比較大的青菜包飯，還會用紫菜或麵粉煎餅等包飯吃。特別是在正月十五這一天，韓國人認為要把福氣包起來吃掉，所以產生了用紫菜或萵苣包飯吃的風俗。《東國歲時記》中就記載了在正月十五這一天用白菜葉和紫菜包飯吃的習俗，人們將這種包飯稱為「福包」。

絕味大醬湯

藥辣椒醬

燉鯧魚

醬油炒牛肉絲

炒日本對蝦

絕味大醬湯

材料

牛肉（牛臀肉或裡脊肉）
100g、香菇2朵（50g）、青辣椒2個、紅辣椒
1個、大蔥8cm（20g）、大醬2大匙、水（泡
發香菇用）1杯

醃肉醬料 韓式醬油1小匙、蒜末1小匙、香
油、胡椒粉少許

準備

1 牛肉切薄片，香菇用1杯冷水泡發2小時，然
   後切絲。泡發香菇的水留下。
2 辣椒和蔥切絲。

做法

3 將牛肉和香菇用醃肉醬料拌好，放入平底鍋
   中，用中火炒至肉熟，然後加入泡發香菇的
   水。
4 將大醬泡開，攪動至沒有小塊，用文火煮20
   分鐘。
5 待湯剩一半以後，加入辣椒和蔥再煮5分
   鐘。

醬油炒牛肉絲

材料

牛肉（牛臀肉）200g
醃肉醬料 醬油1大
匙、香油1小匙、胡
椒粉少許
燉醬 醬油1大匙、白糖半大匙、胡椒粉少許、
水半杯、大蔥3cm（8g）、大蒜1粒（5g）、
薑1塊（2g）、蜂蜜1小匙

準備

1 根據牛肉的肌理將其切成0.2～0.3cm寬的細
   絲。
2 大蔥、大蒜、薑切細絲。

做法

3 將切成細絲的牛肉和醃肉醬料拌在一起。
4 在平底鍋中加入醬油、白糖、胡椒粉、水、
   大蒜、薑，用中火煮至白糖融化，放入醃好
   的牛肉，煮的時候需要不停攪拌，不讓肉黏
   在一起。
5 等湯汁收到剩下3大匙左右時，放入大蔥、
   蜂蜜，攪拌後關火。

燉鯧魚

材料

鯧魚1條（300g）
調料 辣椒醬2大匙、半杯水（100㎖）、
大蔥3cm（8g）、大蒜2粒（10g）、薑2塊
（4g）、香油半小匙

準備

1 把鯧魚的內臟剝掉，沖洗乾淨，將鯧魚肉切
   下，然後切成長3cm、寬1cm的條狀。
2 將蔥、大蒜、薑切絲。

做法

3 在湯鍋中加入辣椒醬和水，然後用中火煮5
   分鐘左右，再加入準備好的鯧魚。
4 加入已切成細絲的各種佐料，並酌量加湯，
   直至將鯧魚煮熟，最後加香油、關火。

藥辣椒醬

材料
辣椒醬2杯（500g）、
牛肉（剁碎的）50g、水
半杯（100㎖）、蜂蜜1大匙、
松子1大匙、香油1大匙
醃肉佐料 醬油半大匙、白糖三分之二小匙、
蔥末1小匙、蒜末半小匙、香油半小匙、芝麻
鹽半小匙、胡椒粉少許

做法

1 在牛肉末中加入醃肉佐料，放入平底鍋中，
  中火炒至蓬鬆。
2 在鍋中加入辣椒醬、水、炒好的牛肉，用文
  火加熱，期間不停攪拌，直至黏稠，大約翻
  炒10～15分鐘。
3 等濃度合適，加上蜂蜜、香油、松子，繼續
  翻炒1分鐘以後關火。

炒日本對蝦

材料
乾日本對蝦50g、食用油3大匙
調味 醬油半小匙、白糖1大匙、
糖稀1小匙、水2大匙、香油1小匙、芝麻1小
匙

準備

1 為了去除對蝦的小刺，將對蝦放到乾平底鍋
  中，不停攪動，炒至水分全無後，倒到乾棉
  布上，揉搓一下，放到篩子上，篩掉小刺。

做法

2 在平底鍋上抹上食用油，待油均勻地滲透到
  對蝦裡，再用文火翻炒5分鐘，然後放涼。
3 在平底鍋中加入白糖、糖稀、水等，用文火
  煮至泛起細細的水紋。關火之後立刻放入對
  蝦，盡快攪拌好之後，加入香油和芝麻，再
  次攪拌好，盛入碗中放涼。

創意包飯醬

材料
大醬1½杯（300g）、
辣椒醬四分之一杯
（62g）、豆腐（碾碎的）半
杯（150g）、蒜末4大匙、香油3大匙、紅燈
籠辣椒（切碎）50g、芝麻鹽4大匙、綠燈籠辣
椒（切碎）25g、水半杯（100㎖）

做法

1 豆腐碾碎，兩種顏色的辣椒分別切成0.5㎝
  大小。
2 在大醬中加入碾碎的豆腐、辣椒醬和水，攪
  拌之後加入蒜末，用中火煮5分鐘至稍硬，
  然後加入芝麻鹽、香油、燈籠辣椒，關火。

● 根據大醬的鹹味，可以加入一些豆腐或是打碎的
  煮豆，這樣味道就會變淡，香味也更加濃烈。另
  外還可以將花生、杏仁、核桃等堅果打碎放進
  去。

包飯材料

　　我們可以利用常見的各種蔬菜，嘗試做創意包飯。只要是葉子寬大、柔軟的大葉蔬菜都可以使用，還可以用辣味稍淡的燈籠辣椒代替普通辣椒，用豆腐代替各種小菜包在葉子裡，用味道柔和的包飯醬和創意包飯蔬菜就可以簡簡單單地享受包飯的快樂。

傳統的包飯蔬菜

創意包飯蔬菜

傳統生菜包飯的食用方法

　　傳統的包飯蔬菜一般是用柔軟的生菜葉子，並在上面放上芝麻葉、細蔥、青辣椒等。包飯吃的方法是：首先將菜葉翻過來，放在手掌上，在菜葉放上米飯，然後加入一些準備好的小菜，再滴上一滴香油，然後包起來吃。

宮廷美食味道的核心——醬

醬油分為清醬、中醬、陳醬

若說韓國飲食醇厚的味道是來自於醬，一點也不為過。醬油的做法是：在煮好的豆子裡放上醬麴，使裡面滋生出有益的微生物，然後倒上鹽水，在陽光、微生物等因素的共同作用下發酵，產生一種獨特的味道。可以說，醬油裡大豆蛋白質原本的味道和香味是宮廷美食味道的核心。

宮廷中使用的醬麴並非產自宮中，官府以醬麴為貢品，然後製作醬。宮廷中的醬麴大部分都由寺廟製作而成，因此也有寺廟醬麴的說法。寺廟醬麴的做法是：將黑豆煮爛，放入碓臼中搗碎，或是將煮好的豆子倒在草包或草袋上，穿上麻布襪用腳踩碎，一般寺廟醬麴比家庭常用的醬麴大四倍左右。

這樣製成寺廟醬麴之後，將寺廟醬麴整整齊齊地堆在醬缸的最邊上，擺成一個「井」字，擺好之後在醬缸裡倒滿鹽水，在陽光充足的時候，打開醬缸的蓋子，反覆地接受陽光的照射，就做好了，這是清醬的做法。再繼續接受陽光的照射，清醬就會成為中醬，中醬再放上十年顏色就會變黑，味道變甜，並變得像糖稀一樣濃稠，這就是陳醬。宮廷中就這樣通過不停地照射陽光釀造醬，如果醬油因為太陽的照射而減少，就會繼續添上年數較少的醬油，總之醬缸裡隨時都是滿滿的。

清醬、中醬、陳醬的用途各不相同。清醬主要用於烹調海帶湯、素菜等味道清淡的食物，而陳釀了數十年的陳醬則主要用於

《大長今》裡有宮中在開始釀醬之前進行祭祀的場面。自古以來人們就相信，只有一年的醬醃好了，家庭才會平安，因此不單在宮廷之中，尋常百姓家裡在釀醬之前也都會選擇良辰吉日進行祭祀，絕不敢有絲毫的懈怠。

韓式八寶飯、紅燒鮑魚、藥脯之中，尤其是在需要增添黑色、光澤、甜味的食物中使用，而肉類和其他普通食物都使用中醬。

大醬是由在製作醬時撈出的醬麴弄碎以後製作而成的，一般不會出現在御膳桌上，但卻是生活在宮中的人們經常食用的食物。高宗和純宗不喜歡特別辣或鹹的食物，因此經常是一年有那麼一、兩次會想吃大醬湯，因此宮廷中就烹飪出「絕味大醬湯」，每次煮出少量、美味的醬湯呈給王。

不同於民間，宮廷中的辣椒醬不使用麥芽粉，而是加入醬麴粉，在年糕發酵以後，加入一點食鹽或醬油調味，然後加入辣椒粉攪拌，再分別裝在各個小缸裡，並一一插上一根棍子，每天攪拌，避免其溢出並達到更好的發酵狀態。據說宮廷之中只醃漬糯

米辣椒醬，用於製作醋辣醬、藥辣椒醬，燉
煮湯類時會稍微添加一些辣椒醬，但不至於
太辣。

　　《大長今》裡將宮廷中醬味發生變化
的原因歸結於砍掉樹木之後大醬中再沒有花
粉落入，以稍微誇張的方式強調樹木上的花
粉落入醬缸會讓大醬的味道變得更好的事
實。

純宗也喜歡吃的生菜包飯

　　朝鮮時代最後一位廚房尚宮韓熙順曾
經侍奉過純宗，由她傳授下來的生菜包飯套
餐中，包含了由各種醬製作而成的小菜。絕
味大醬湯、鯧魚湯、藥辣椒醬、醬油炒牛肉
絲、炒日本對蝦、香油等都很適合包飯吃。

　　據韓熙順尚宮的說法，包飯的蔬菜主
要有生菜、茼蒿、細蔥等，有時也會用金蓮
花的葉子。絕味大醬湯可以做包飯醬，在裡
面放入牛肉和香菇後，將湯汁收濃即可。鯧
魚湯則是將魚肉放在辣椒醬中熬煮而成的，
過去曾用進貢來的鱒魚代替鯧魚。藥辣椒醬
是在辣椒醬中加入炒牛肉、蜂蜜、香油，炒
到色澤豐潤即可。而醬油炒牛肉絲則是將牛
肉切成條以後，加入醬油烹飪而成的。

　　據說，吃完涼涼的生菜包飯，再喝上
一杯桂枝茶就不會消化不良。人們擔心吃太
多蔬菜身體會變冷，因此在吃完包飯之後，
往往會呈上一杯暖暖的桂枝茶，從這裡我們
可以看出宮廷美食的底蘊中是帶有藥食同源
相同的精神。

1

2

3

1 韓國的傳統醬類：辣椒醬、醬油、大醬。
2 讓身體變暖的桂枝茶。
3 桂枝指的是桂樹枝，我們既可以用厚重的肉桂煮
水，但是使用桂枝煮茶味道更加純粹，也更加經濟。
桂皮作為一種藥材，和桂枝的作用相似。

2 宮廷美食，
   是如何準備？

御膳桌上每一碗米飯裡都承載著民
心，因此御膳桌的意義高於普通飯
桌。每逢災年百姓吃不飽時，御膳
桌的菜品數量就會減少，宮中也不
會隨便舉辦宴會，以此表示王與百
姓同甘共苦。因此可以說，宮廷飲
食裡蘊涵著歷史與哲學。

讓王的飯桌
聲名遠播

御膳桌

> 以食物為媒，宮女間亦敵亦友，明爭暗鬥總在為王準備御膳的場面消逝。她們有時會花費幾天、甚至幾個月的時間，為王精心準備食物。為使王能夠愉悅地享受食物，她們需要在一些小細節上迎合王的口味，如果王感冒或感到特別疲憊，那麼她們就會更換進獻的食物，使王的身體能夠盡快恢復。觀眾們在《大長今》裡看到了不同於其他歷史劇中的王，感受到了一種親近，因為電視劇中的王在進食時，會對眼前的食物感到好奇，也會向侍立於側的氣味尚宮詢問一些相關的問題。

王的飯桌｜御膳桌

　　御膳桌上的各種菜餚都是在內燒廚房裡烹飪的。內燒廚房隨時有發生火災的危險，因此距王的起居殿有一段距離。向王進獻食物時，首先要將食物盛放在一種器皿裡，然後將器皿放在一種類似於擔架的木板上抬到退膳間，再將食物盛放到各種專門器具裡，最後擺放在御膳桌上進獻給王。「退膳」是將御膳桌撤掉的意思，但退膳間除了負責處理撤下來的御膳桌以外，還發揮著廚房中轉站的作用，將從內燒廚房裡準備好的湯或燒烤等食物重新加熱。另外，退膳間還負責保管王在進膳時使用的各種碗碟、火爐、桌子等。所有的食物中，只有米飯是在退膳間裡製作的，製作米飯時使用的食材和器具有貢米、蠟石鍋和白炭火，做飯時濃郁的香味會彌漫在整座宮廷。

御膳桌大圓盤。

流傳至今的御膳桌擺放方法

　　韓國人日常飲食是由大米和其他菜餚構成，其中大米的主要營養成分是碳水化合物，而菜餚則提供其他營養成分。這種基本的組合也反映在王的飯桌「御膳桌」上。

　　朝鮮王朝最後一位尚宮、第一代技能保有者韓熙順向人們傳授了十二碟套餐的做法。「碟」指的是基本食物以外的小餐具裡盛放的菜餚，實際上飯桌上擺放的食物種類遠超過十二種。首先，下面這些食物是不包含在碟數裡的：米飯兩種、清湯兩種、泡菜三種、燉湯兩種、醬三種、蒸煮菜一種。御膳桌上的菜餚以不使用同樣的烹飪方法和不使用重複的食材為原則，不僅有從各地進獻的當季食材，更有醬菜、魚蝦醬、乾菜等儲存食物。

　　御膳桌由大圓盤桌、小圓盤桌和冊床盤（方桌）三種構成。大圓盤桌放在中間，王和王妃各自圍坐在飯桌邊食用大圓盤桌上的食物，小圓盤桌和冊床盤（方桌）是附加的飯桌。冊床盤（方桌）上面擺放火鍋，將各種肉類和蔬菜盛放在銅碗裡，桌上擺著醬湯和油盅，做好煮火鍋的準備。火鍋桌的旁邊擺放著火爐，將火鍋放在火爐上，現場烹飪各種食材敬獻給王。

御膳桌小圓盤。

御膳桌的食物

基本食物

御膳

平時敬獻給王的米飯被
特別地稱為「御膳」。
「白飯」指的是大米飯，
「紅飯」則是加入紅豆做成的米飯，做紅飯之
前紅豆要提前煮好，蒸米飯時加入煮紅豆的
水，這樣糯米飯的顏色就會泛紅。

淡湯

「湯」的漢字也寫作
「羹」，精熬牛骨湯是
將牛膝窩肉、牛尾、牛肺、牛
胃、牛小腸等大火熬煮，然後放入蘿蔔一起
燉，燉好之後將肉切成適合食用的大小，用調
料醃好，然後再放到醬湯裡熬煮。海帶湯也被
稱為「藿湯」，它的做法是先將牛肉切成小
塊，和海帶一同翻炒後，再熬煮。

燉湯

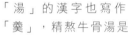

在宮廷菜裡，燉湯的料
要比淡湯多一些，味道也
要濃稠一些。根據調味醬的種類，燉湯一般可
以分為大醬湯、辣醬湯、魚醬燉湯等幾種。大
醬湯的做法是：在砂鍋裡加水，在水中加入豆
腐、香菇、牛肉等食材，用文火慢燉。做牡蠣
豆腐魚醬燉湯時，則要在砂鍋裡放入牡蠣和豆
腐，然後用鹽或蝦醬調味，味道清淡，湯也比
較清。湯裡面有牡蠣和豆腐，因此煮的時間過
長或放涼了再熱，味道就會大打折扣。

蒸煮

顧名思義，蒸煮的烹飪方法
分為兩種，一種是在湯中加
入食材慢燉，另一種是使用
蒸氣將食材蒸熟。在處理肉類
食材時，一般先將其切成大塊、醃
好，然後加水用文火慢慢燉熟。在處理魚貝類

的食材時，一般是放入蒸鍋，用蒸氣蒸熟。蒸
鯛魚的做法就是將整條鯛魚放到蒸鍋裡蒸熟，
然後再放上各種配菜裝飾。由於海鮮的肉質比
較嫩，所以蒸海鮮時調料不能太重，也不要加
熱太久。

火鍋

肉類和蔬菜稍微加鹽醃漬
一下，然後放入銅碗之中，
再將銅碗放到飯桌上準備
好。在火爐上放上火鍋器皿，
在鍋裡放入各種食材，現煮現吃。豆
腐火鍋的做法是：在兩片煎過的豆腐之間，填
上醃過的肉類，然後和蔬菜一起煮。

醃菜類

將蘿蔔、
白菜、黃
瓜等蔬菜加鹽醃漬，再加入辣椒、大蒜、蔥、
薑、魚蝦醬等佐料攪拌，然後盛到缸裡發酵
成泡菜。御膳桌上會擺放三種泡菜。宮廷裡醃
漬的白菜泡菜和蘿蔔塊泡菜都有單獨別致的稱
呼。蘿蔔泡菜除了有蘿蔔塊泡菜以外，還有加
上很多水醃漬而成的水蘿蔔泡菜。

醬類

醬類一般都
盛放在小盅
裡擺放到御膳桌
上，醬的種類分為清醬、加醋醬油、加醋辣
醬、芥子醬和蜂蜜等，如果湯的味道偏淡可
以加些醬食用，宮廷煎餅或刺身也可蘸著醬食
用。菜餚的種類不同，桌上擺放的醬的種類也
會不同。清醬可以做湯或菜餚調味，加醋辣醬
是在辣椒醬裡加入醋、白糖等調製而成的，在
食用刺身時可以蘸加醋辣醬。加醋醬油是在醬
油中加入醋、白糖等調製而成的，在食用宮廷
煎餅、肉片時可以蘸加醋醬油。

菜餚

熱烤肉

牛肉、豬肉、雞肉等肉類
要烤熟之後趁熱吃。在烹
飪熱烤肉時可以將肉放在
烤架直接烤，也可以將煎
鍋燒熱以後用煎鍋烤。最具代
表性的燒烤食物是宮廷烤牛肉，它的做法是將
牛裡脊或牛肋骨肉切成薄片，用醬油醃漬之後
燒烤即可。

冷烤菜

將紫菜、沙參等蔬菜烤好以
後放涼食用。烹飪時可以將
這些蔬菜放在烤架直接燒烤，也
可以用煎鍋燒烤。蔬菜沒有油，所以烤的時候
需要先在鍋裡抹上一層香油或是白蘇油，或是
在蔬菜上均勻地抹上油醬，焯一下之後再烤。
烤紫菜的做法是：在乾紫菜上抹上香油或白蘇
油，稍微撒些鹽，然後放在烤架上烤，烤時需
要調節火的大小，注意不要把紫菜烤糊。

宮廷煎餅

宮廷煎餅的做法是：將肉
類、魚貝類、蔬菜類等食
材切成薄片，用鹽和胡椒
粉調味，然後浸入麵糊和蛋液
中，再放在煎鍋上煎即可。也可以用蕎麥麵粉
代替小麥麵粉，或在煎煮時加入一些麵粉水。
用肉質白的魚類做香煎魚片的方法是：首先將
魚肉切成薄片，用鹽和胡椒粉進行醃漬，然
後撒上一層薄薄的麵粉，再浸到蛋液裡，最後
放到煎鍋上煎。丸子煎餅的做法是：將牛肉剁
碎，將豆腐的水分瀝乾之後碾碎，與牛肉混
在一起醃漬，做成扁圓的形狀，沾上麵粉和蛋
液，用煎鍋煎。
蝦肉煎餅的做法是：將蝦肉片成薄片，剝掉蝦
殼，然後用鹽、胡椒粉進行醃漬，再撒上一層
薄薄的麵粉，放到蛋液裡浸一下，最後放到煎
鍋裡煎製。

肉片

將牛肉或豬肉的胸骨肉部
位或膝窩肉部分整塊放
到鍋裡煮熟，然後將肉放
到麻布袋裡，拿重物使勁
按下，再將肉切成薄片，蘸辣醬
或蝦醬食用。牛身體上適合做肉片的部位有胸
骨肉、膝窩肉、胸脯肉、牛舌、牛腎、牛乳部
肉、牛頭等。
做胸骨肉片時要將牛的胸骨肉部位整個煮熟、
壓平，然後切成薄片，蘸加
醋醬油食用。

熟拌菜

將蔬菜燙熟以後再涼拌或
炒，大部分的素菜都使用這種
烹飪方法。三色涼拌蔬菜之中，菠菜的烹飪方
法是將菠菜放在鹽水中氽燙一下，保持菠菜的
綠色，然後拌上各種佐料。將蕨菜和桔梗煮好
之後醃漬，然後翻炒。

生拌菜

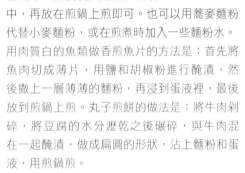

每季的新鮮蔬菜不經
過任何烹飪，直接用
醋醬、加醋辣醬、芥子
醬涼拌，這就是「生菜」的做法。大部分涼拌
都會使用白糖和醋，調出一種酸酸甜甜的清爽
味道。
蕩平菜指的是在用綠豆太白粉製成的綠豆涼粉
裡加上炒過的牛肉、蔬菜、雞蛋絲等，然後用
加醋醬油涼拌的一種涼菜。

燉菜

燉菜是一種經常出現在御膳桌上的菜餚，主要用肉類、魚貝類、蔬菜類烹飪而成。如果吃的時間比較久，就要烹飪得稍微鹹一點。

燉雞的做法是：將雞肉從雞骨頭上剔下，片成薄片，將雞肉煮熟，在平底鍋中放入大蔥、大蒜、薑、乾棗等佐料，再倒入用醬油、白糖、肉湯等材料做成的燉湯，慢燉即可。

高宗、純宗時期御膳桌的菜品和器具名稱

食物名稱		器具名稱
基本食物：御膳、淡湯、燉湯、蒸煮、火鍋、醃菜類、醬類		
1.御膳　白米飯、紅豆米飯兩種	白飯、紅飯	御膳器、帶蓋的銅飯碗
2.淡湯　海帶湯、精熬牛骨湯兩種	海帶湯、精熬牛骨湯	湯器、湯碗
3.燉湯　大醬燉湯、魚醬燉湯兩種	大醬燉湯、牡蠣豆腐魚醬燉湯	湯碗、砂鍋
4.蒸煮　蒸煮（肉類、魚類、蔬菜）一種	蒸鯛魚	燭形盤、銅碗
5.火鍋　準備食材、火鍋、火爐	豆腐火鍋	火鍋、銅碗、盅、火爐
6.醃菜類　白菜泡菜、蘿蔔塊泡菜、水蘿蔔泡菜三種	白菜泡菜、蘿蔔塊泡菜、水蘿蔔泡菜	泡菜碟、小碗
7.醬類　清醬、醋醬、醋辣醬、芥子醬	清醬、加醋醬油、加醋辣醬	盅
菜餚種類（十二種）		
1.熱烤肉　烤肉類、魚類	宮廷烤牛肉	小銅盤
2.冷烤菜　烤紫菜、沙參、蔬菜	烤紫菜	小銅盤
3.宮廷煎餅　肉類、魚類、蔬菜類的煎餅	宮廷煎餅	小銅盤
4.肉片　燉肉	胸骨肉片	小銅盤
5.熟拌菜　將蔬菜弄熟之後做成的素菜	三色涼拌素菜	小銅盤
6.生拌菜　用生蔬菜製作的菜品	蕩平菜	小銅盤
7.燉菜　燉肉類、魚貝類、蔬菜類	燉雞	小銅盤
8.醬菜　蔬菜醬菜、醃漬泡菜	黃瓜醃漬菜	小銅盤
9.魚蝦醬　魚貝類的魚蝦醬	明太魚子醬	小銅盤
10.乾菜　肉脯、鹹魚、油炸菜等乾菜	脯茶食、乾黃花鹹魚、藥辣椒醬	小銅盤
11.風味菜　肉類、魚貝類、蔬菜類的生魚片、燙魚片	鮑魚生魚片	小銅盤
12.蛋包　蛋包或其他風味菜	蛋包	小銅盤
茶水　鍋巴水或五穀茶	鍋巴水	茶罐、平碗

醬菜

在大蒜、蒜薹、芝麻葉、蘿蔔、黃瓜、沙參等當季常見的蔬菜裡加入醬油、辣椒醬、大醬等，長時間保存。

醬菜屬於醬類，在吃之前要加入香油、白糖、芝麻鹽攪拌。在醃漬黃瓜醬菜時不使用醬，而是將黃瓜加鹽醃漬以後，再和牛肉、香菇一同翻炒，烹飪成醬菜食用。

魚蝦醬

將新鮮的魚貝類加鹽醃漬後長時間發酵，會讓它的美味和特有的香味更上一層樓。醃明太魚子醬時要趁寒冷的冬季，選擇新鮮的凍明太魚子，再將鹽、辣醬粉、大蒜均勻地塗抹在明太魚子上，然後將它們放到小缸或容器中發酵而成。

乾菜

將肉類、魚貝類、海藻類或蔬菜類等食材晾乾、油炸之後，將多種食材擺放到同一個碗中，就是乾菜。

脯茶食的做法是：將肉脯放在火上稍微烤一下，然後加入芝麻、香油、蜂蜜，最後填入茶食板中。

乾黃花鹹魚的做法是：將黃花魚的魚鰓撥開，洗乾淨後瀝乾水分，在黃花魚的魚腹中填滿鹽，再在整條魚上都撒上鹽，然後放到缸中醃漬兩天。將醃好的魚從缸中拿出，包到布中壓一天，然後擺放到柳條盤中晾至黃花魚變硬，再將其切成合適的大小。藥辣椒醬是在辣椒醬中加入剁碎的牛肉和蜂蜜調成的。

刺身

刺身是一種生食的食物，即鮮魚或生牛肉不經烹煮，直接蘸加醋辣醬生吃。鮑魚生魚片的做法是將鮑魚洗乾淨，將鮑魚肉剔出，切成薄片。

水蒸蛋

在碗裡或湯匙裡均勻地抹上香油，將蛋打到碗中或湯匙裡，然後將盛放雞蛋的碗或湯匙放入沸水之中，稍微氽燙一下做成半熟即可出鍋。

鍋巴水或穀物茶

做完米飯之後鍋底會有一層鍋巴，在鍋巴裡加水煮一會兒，就成鍋巴水了。穀物茶指的是將穀物加工之後泡製而成的飲料。

御膳桌上的器具

御膳桌是紅色的圓桌，大的叫做「大圓盤」，小的叫做「小圓盤」。御膳桌由一個大的主桌，以及兩個輔助性的桌子構成的。大圓盤為紅色朱漆，上有螺鈿的花紋，有的桌腿上也雕刻著蟠龍裝飾。御膳桌上的用具多為銀器或瓷器，其中只有匙子和筷子四季皆為銀器，在末代王朝的遺物之中，我們還可以看到華麗的七寶碗具。

御膳桌上的大智慧

十二種菜餚，再加上淡湯、米飯、濃湯各兩碗，泡菜各三種，蒸煮菜一種，甚至還有火鍋，這麼多食物僅為一人準備，宮廷飲食是否有些奢靡呢？御膳桌之所以如此華麗，是有獨特原因的。朝鮮王朝特別重視禮節，王被視為千萬百姓的父母，因此他必須率先垂範，吃飯時的禮儀、吃飯的次數、御膳桌的擺放等都遵循固定的原則，精心準備、百姓敬獻給王的御膳桌，展現了臣子與百姓的事奉之心與恭敬之意。尤其是百姓在耕作、狩獵後，會選擇出當季最好的東西敬獻給王，這些貢品直接體現了百姓的生活狀況。因此，將百姓的貢品做成食物擺放到御膳桌上，王不必巡遊全國，就可以體察老百姓的生活、了解季節的變遷。如果御膳桌上的食物總是一樣，就證明國家太平無事，如果菜餚的數量減少或材料發生了變化，那麼就說明國內有事情發生。

七寶碗具

銀質碗具

紅色小圓盤

敬獻給王的食物

御膳桌在電視劇《大長今》中經常出現。

王的日常飲食，御膳桌

　　宮廷飲食大體上分為日常飲食和宴會飲食。平時敬獻給王的食物被稱為御膳，擺

放御膳之處叫做御膳桌，「御膳」在韓語中寫做「水剌」，起源於高麗時期流入半島的蒙古語，到朝鮮時代「水剌」變成特指王飲食的用語。

　　當時百姓要向宮廷繳納一定的實物，就像納稅一般，這種制度被稱為「供上制度」，通過這種制度，宮廷中匯聚了全國的農產品、水產品，因此食材很豐富。按照王的喜好不同，有的王的日常飲食可能很奢侈，充滿山珍海味，不過也有王喜歡樸素的菜品。宮廷飲食基本上是每天五次，但因應王的愛好，接待賓客等情況，宮廷飲食的次數是流動、變化的。一般來說，早、晚會各進一次御膳，午餐有麵條，每頓飯之間會上茶果，凌晨上粥餐，夜裡隨時上消夜，從這些記載來看，王每天進御膳的次數有時不止五次，甚至多達七次。

　　相反，王有時也會減少飲食次數和菜餚種類。當國家處於憑人為的力量無計可施的境況中，王就會將這種境況歸咎為自身的不道德，因此他會減少食物的種類（稱為「減膳」），以此為手段安撫老百姓。王在減膳時一般禁止食肉，通過素膳親自實踐節制與樸素的理念，一般減膳時間在三天到五天左右。在旱災、水災、打雷、動亂、服喪或祭祀期間王也會減少飲食的量或飲食的次數。

　　當乾旱很嚴重時，各宮白天的御膳有時沒有魚肉，只有水泡飯和稀飯。

《園幸乙卯整理儀軌》裡記載的御膳桌

歷史上對宮廷日常飲食的記載並不多見，幸運的是正祖二十年（1795）留下了《園幸乙卯整理儀軌》的記載，裡面詳細記錄了王族日常飲食的情況，當時王為紀念惠慶宮洪氏的花甲，來到思悼世子的陵墓顯隆園，從而留下了這段記載。王與母親（惠慶宮洪氏）、妹妹從昌德宮出發到達華城，然後又回到宮廷之中，歷經八天的時間，儀軌之中詳細記錄這八天的飲食。特別是裡面記載了日常飲食的御膳、粥膳、米湯、茶點等各種飲食，可以幫助我們理解宮廷的日常飲食，是一份非常珍貴的資料。

這段記載中，記錄了王叮囑飲食不要太奢侈的內容，體現了正祖不願勞動百姓的美德。

而且正祖的御膳桌也確實印證了他的簡樸，正祖命令御膳房宮女，母親惠慶宮洪氏的御膳桌上菜品要有十五種，而正祖自己的御膳桌上菜品不能超過七種。舉例來說，閏二月九日惠慶宮洪氏的早餐有兩桌，主桌上有紅飯、魚醬湯，以及濃湯兩種，燒烤類食物一碗，鹹魚、生雉餅、魚蝦醬、蔬菜和淡沉菜各一碗，各種醬三盅，次桌上是各種別饌，有蒸鮑魚、餃子、各色燒烤，而正祖的御膳桌上沒有別饌。

通過《園幸乙卯整理儀軌》我們可以看到關於正祖的御膳桌和母親惠慶宮洪氏的御膳桌的記載。上面的照片是根據歷史記載還原的惠慶宮洪氏的御膳桌。

嚴寒天氣中
一碗熱湯

豆腐火鍋

> 《大長今》裡曾經出現過製作火鍋的場面，御膳尚宮在一個小火爐上面放上單人用小火鍋，供王食用。火鍋是一種帶湯的食物，待裡面的食物和湯煮熱之後食用即可，天氣寒冷時人們總是會想起火鍋。火鍋的魅力在於吃的時候很自由，不需要有什麼規矩。很多人圍在飯桌旁，中間放上火爐，開火之後放上火鍋，將各種食材放到火鍋裡即可。《大長今》裡曾出現過蘑菇火鍋、豆腐火鍋、野雞肉火鍋、鯛魚麵等各種不同的火鍋食材和火鍋器皿，有的人會認為「火鍋很辣」，但宮廷火鍋並不辣。

分享溫暖的食物｜火鍋

在擺好大圓盤和小圓盤等御膳桌以後，接著就該火鍋出場了，在火鍋桌上擺上火爐之後，再將戰笠形狀的火鍋放到上面。火鍋桌一般有十二種菜餚，另外還有泡菜、燉湯和各種醬類，它的存在感絕不亞於御膳桌。各種食材和充足的湯水一同熬煮，傳達著一種溫暖的感覺，讓人的胃覺得很充實，甚至可以為人們驅走嚴寒。火鍋的做法有許多種，比如豆腐火鍋、蘑菇火鍋、野雞肉火鍋等，是宮廷宴會上不可或缺的食物。

豆腐火鍋

材料

豆腐（緊實的）300g、鹽（提前醃漬豆腐時使用）1小匙、太白粉5大匙、食用油4大匙、牛肉(牛臀肉）100g、牛肉（剁碎的）50g、香菇3朵、蘿蔔100g、胡蘿蔔50g、綠豆芽100g、香蔥30g、洋蔥50g、紅辣椒1個、水芹菜50g、鹽2小匙、松子1小匙、核桃3個、雞蛋1個、水8杯、湯醬油2大匙、鹽2小匙

肉類、香菇醃料 湯醬油1大匙、蔥末2小匙、蒜末1小匙、香油1小匙、胡椒粉少許

蔬菜醃料 鹽半大匙、香油1大匙

準備

1 將豆腐切成長3cm、寬2.5cm、厚0.7cm的大小，放到碗中，撒上1小匙鹽醃漬10分鐘。

2 將100g牛肉切成寬0.3cm的薄片，另外的50g剁碎。

3 將香菇放到涼水中泡發2小時，然後擠出水分，去掉香菇梗，切成細條。

4 將蘿蔔、胡蘿蔔切成長5cm、寬0.5cm、厚0.3cm大小的細絲，綠豆芽要折掉頭尾。在沸水中放入1小匙鹽，將順好的蔬菜分別放入，汆燙至軟以後撈出，在涼水中洗淨瀝乾水分。

5 將水芹菜葉子摘掉，只留水芹菜梗，然後放入沸水中加1小匙鹽稍微汆燙一下，然後用涼水沖洗，瀝乾水分。

6 洋蔥和紅辣椒切絲，香蔥切成長約5cm的小段。

7 將核桃放入熱水中泡5分鐘，然後用一根小棍兒將核桃裡面的皮剝掉。

做法

8 瀝乾豆腐的水分，撒上太白粉，在平底鍋中加入4大匙食用油，將豆腐煎至兩面金黃。

9 將肉類、香菇醃料攪拌均勻，將切成條的牛肉、香菇和剁碎的牛肉分別用醃料醃漬。

10 在兩片煎好的豆腐裡放上剁碎的肉，用燙好的水芹菜將兩片豆腐綁起來。

11 在準備好的蘿蔔、胡蘿蔔、綠豆芽裡分別加入蔬菜醃料攪拌。

12 將準備好的蔬菜依顏色搭配和圓盤順序放入火鍋器皿中，牛肉放在火鍋中間。

13 上面放上豆腐，將核桃和松子均勻地撒上做點綴。

14 倒入8杯水，加入湯醬油、鹽調味，開火。等食材熟了以後，打個雞蛋放到火鍋正中間，等雞蛋半熟時就可以食用了。

11, 12

3, 4, 5

6

8

10

宮廷火鍋

火鍋開火之前的擺桌、放到火爐上的火鍋。

御膳桌上的火鍋

　　廣義上來說火鍋指的是邊煮邊吃的一種帶湯食物，但火鍋原本指的是將肉類、鮮魚、蔬菜等食材盛放到銅碗中之後放到桌子上，在火爐上放上帶邊的圓鍋，親自動手放入食材燉煮，並當場食用的烹飪方法。

　　《大長今》裡曾多次出現中宗（1488～1544）進膳的場面，此時我們可以看到尚宮和宮女就在一旁服侍。這是根據二十世紀初期在宮廷中工作的尚宮的證言而重現的場面。

　　根據她們的說法，王在進膳時，會有兩位尚宮、一位宮女服侍。其中一位尚宮被稱為「氣味尚宮」，她們的年齡一般都很大。本來氣味尚宮的主要任務是查看食物裡有沒有毒，但實際上由於她們最了解王的食性，因此她們也會藉由談話，幫助王更加舒適地進食，並勸誘王進膳等。另一位御膳尚宮則負責將離王比較遠的菜夾給王，如果菜餚不夠，負責再去拿一些來補充也是御膳尚

宮的工作。宮女主要負責烹煮火鍋，她將提前準備好的食材放到火爐上的火鍋裡，待食材煮到一定程度以後，將食材盛到空碗中呈給王。相傳宮女用的匙子很深以方便盛湯，而筷子則是用象牙製作而成的。

火鍋的由來

　　人們經常誤認火鍋和濃湯是同一種食品，其實二者間稍微有些區別。濃湯的做法是將食材和佐料同時放入鍋中燉煮，而火鍋則是隨時往鍋裡加食材，將食材煮熟。

王在尚宮和宮女的服侍下進膳。

關於火鍋的起源，自古以來就眾說紛紜。張志淵（1864～1921）在《萬國事物紀原歷史》（1909）裡曾說道：「火鍋的起源不明。據說上古時代，軍隊裡的士兵頭上戴的『戰笠』是鐵製的，但軍隊中的器具都不太好用，因此士兵便摘下自己頭上戴的鐵帽子當鍋，在煮魚、煮肉的時候，也會加入各種食材，後來這種行為成為一種習慣，老百姓們也把鍋做成戰笠的模樣，在鍋裡放上肉、蔬菜等食材煮著吃，將其稱為火鍋。」柳夢寅（1559～1623）在《於于野談》中有這樣的記載：「土亭李之菡先生總是頭戴鐵冠，每當獲得魚、肉的時候，就將頭上的鐵冠摘下，把魚、肉放到裡面煮著吃，因此先生的別號為鐵冠子。」但將這一記載看做火鍋起源，其實很難令人信服。

對火鍋具體的記載在十八、十九世紀正式出現。十八世紀末柳得恭（1748～1807）在《京都雜誌》中記載，有一種鍋叫做「氈笠套」，這個名字源於戰笠。在氈笠套中間凹陷的部分裡加入蔬菜燉煮，邊上則用來烤肉。做出的食物既可以當下酒菜，也可以做菜餚。徐有榘（1764～1845）在《饔饎雜誌》裡也有相關的記載，有一種炙肉器，形狀類似於倒放的戰笠。在戰笠凹陷的部分裡加入醬水，再將桔梗、蘿蔔、芹菜、大蔥等切成細絲放到醬水裡，然後將戰笠放到炭火上加熱。將肉切成薄薄的紙片狀，在油醬裡浸一下，然後用筷子在鍋的四邊煎烤。一鍋火鍋可夠三、四人食用。

火鍋器具

風俗畫冊裡的《野宴》。幾位男性於野外圍坐，在火鍋裡煮肉作為下酒菜。

宮廷中對火鍋器具有特殊的稱謂，稱之為「煎鐵」。高宗六年（1868）戊辰年《進饌儀軌》中就有「進御煎鐵案」的記載，指的就是火鍋，這種火鍋使用了「煎鐵」，以即食的方式在宮廷宴會中出現。

宮廷宴會的
點睛之筆

悦口子湯

" 電視劇《大長今》中出現的第一個場景是宮廷宴會，宴會上出現了各種華麗、精巧的宮廷美食。平時王、大妃、王后等都各自在自己的宮殿用餐，但宴會時他們並排而坐，欣賞著女伶和舞童手持花朵和扇子跳舞，愜意地享受著宴會美食。宴會上，王一如既往獨享一桌，在華麗的食物中間，悦口子湯，也就是神仙爐，以誠意和美妙成為宴會點睛之筆。"

山珍海味神仙爐│悦口子湯

所謂的「悦口子湯」，意思就是讓唇齒愉悦的湯，也稱為「神仙爐」。「神仙爐」本來是指盛悦口子湯的器具，神仙爐的構造是在圓形鍋中間，聳立著一個圓柱筒，圓柱筒裡放入炭火，將食材放到圓筒的周圍。儀軌裡有悦口子湯、麵神仙爐、湯神仙爐的記載，宮廷中冬日舉行宴會時，會將神仙爐置於宴會桌上，它有保溫的效果，可以讓賓客喝到熱湯。

神仙爐（悦口子湯）

材料

湯料和高湯牛肉（膝窩肉）200g、牛肉（牛臀肉）100g、牛胃（去皮）100g、水10杯、鹽1小匙、蘿蔔200g、胡蘿蔔100g、大蔥1根、蒜頭5個、胡椒子半小匙

湯料調料 湯醬油2大匙、蒜泥1大匙、香油1大匙、胡椒粉少許

三種煎餅（白肉）鮮魚（鱈魚肉）50g、毛肚50g、牛肉（牛臀肉）70g、麵粉半杯、雞蛋3個、食用油6大匙、鹽1大匙、胡椒粉少許

配料 雞蛋3個、石耳蘑5片（10g）、水芹菜50g、香菇3朵（15g）、紅辣椒2個、麵粉3大匙、食用油6大匙、鹽半小匙、核桃3個、銀杏12個、松仁1小匙、紅棗3個、牛肉丸50g、豆腐30g、鹽半小匙、蔥末1小匙、蒜末半小匙、香油半小匙、食用油1大匙、麵粉2大匙、雞蛋1個、胡椒粉少許

肉湯調料 湯醬油1大匙、鹽1小匙

準備

湯料和高湯

1 將牛肉（膝窩肉）放在涼水中浸泡1小時去除血水，牛胃裡加入1小匙鹽，用流水揉搓沖洗去除味道。

2 在鍋中加入10杯水（2ℓ）煮沸，加入膝窩肉、牛胃、大蔥、蒜頭、胡椒子，沸騰之後繼續煮40分鐘左右。再加入蘿蔔和胡蘿蔔，過10分鐘撈出。然後將肉撈出，待高湯放涼後將高湯上的油剔出，用棉布過濾。

3 將煮熟的牛肉（膝窩肉）和牛胃切成薄片，將100g牛肉（牛臀肉）按照紋理相反的方向切成薄片，分別拌入湯料調料。

湯料

煎餅材料

2

3

三種煎餅

4 將白色魚肉切成7～8cm的大塊。選出大片的毛肚，一片片地抹上麵粉揉搓，然後洗乾淨。牛肉切成0.3cm的厚度的大片，牛肉片上用碎刀切勻。

5 將準備好的食材分別撒上鹽和胡椒粉。

6 均勻地抹上麵粉，到蛋液裡浸一下，然後在燒熱的平底鍋中抹上油，煎熟。煎的時候用中火，用鍋鏟壓住防止蜷縮，然後翻面煎熟。

菜碼兒和肉丸子

7 將3個雞蛋的蛋清、蛋黃分離，分別加入¼小匙鹽，再將蛋清分成兩份，在其中一份蛋清裡加入剁碎的石耳。將平底鍋加熱，抹上一層薄薄的食用油，分別煎蛋清、蛋黃、和加石耳的蛋清。

8 折掉水芹菜的根和葉，S形來回插到木棍上，注意要插得整齊一些。兩面均勻地抹上麵粉，然後浸到準備好的蛋液中，在平底鍋中抹上一層薄薄的食用油，用文火煎餅，煎的時候用鍋鏟按壓，就做成了芹菜餅。

9 將香菇放在水中泡發兩小時，折掉香菇梗，擠出水分。

10 將紅辣椒縱向切成兩半，去籽。

11 將核桃放入熱水中浸泡10分鐘，用小棍剝掉裡面的薄皮。在平底鍋中加油，放入銀杏，炒至銀杏發綠，銀杏皮脫落，將松仁順好。紅棗去核，將紅棗滾刀切成花的形狀。

12 在剁好的牛肉裡加入碾碎的豆腐，放入丸子調料，調拌均勻後做成1.2cm的丸子，抹上麵粉和蛋液。平底鍋加熱、抹上1大匙食用油，用文火煎丸子，煎的時候注意要不停地滾動丸子。

7   8   11

做法

13 將準備好的蘿蔔、胡蘿蔔、三種餅和五色配
料切成長度4㎝、寬2.5㎝的長方形，約合於
神仙爐的大小。

14 在神仙爐的鍋中鋪上⑬的備料，將醃漬好的
湯料沿著鍋均勻地倒入。然後再根據配色，
將切成長方形的食材排成扇狀。
在上面放上丸子、核桃、銀杏、松子、大棗
等配料。

15 將準備好的高湯煮開，加入湯醬油和鹽調
味，倒入神仙爐中。

16 在中間的圓筒裡加入燃料開火，然後擺放到
桌子上即可。

• 燃料可以用炭火、固體酒精、蠟燭等。

根據《李朝宮廷料理通》裡的烹飪方法做出的神仙
爐，特點是加入了鮑魚、海參等海鮮。

13　　　　　14　　　　　14

73

宮廷宴會

《進饌儀軌》（1848）裡的進饌圖和原文。在宮廷宴會桌上，有兩個神仙爐形狀的黑色器皿。

朝鮮的宮廷宴會

根據宮廷宴會的規模和儀式程序，宮廷宴會分為進豐呈、進宴、進饌、進爵及授爵等幾種。這些宴會並不是舉辦一天就結束了，而是一般持續三到五天，日夜多次舉行，不同類型的宴會舉辦者和參加者各不相同，規模也不同。

根據宴會參加者的身分，宴會可以分為外宴和內宴。參加外宴的賓客都是實際主導政壇的君臣，王是主賓。而內宴的主人翁則是王室的女性，大多是世子嬪或擁有封號的女性，王室的親戚也會參加。

即便是王也不可以隨心所欲地舉辦宮廷宴會。只有在王、王妃、大妃等花甲、誕辰、四旬、五旬、望五（四十一歲）、望六（五十一歲）等特別的日子，或王獲得尊號、臣子進耆老所的日子，以及王世子冊封禮、嘉禮、迎接外國使臣等舉國歡慶的日子才能舉辦宴會。

人們認為王室舉辦宴會時要與百姓共同分享喜悅，因此每逢災年百姓處境艱難時，即便王室中有值得慶賀的事情，也會不斷推遲宴會的舉辦，甚至直接取消。顯宗（1659～1674）時災害連年，就從未舉辦過宴會。1703年，肅宗即位三十年時，人們曾經討論過舉辦一些慶祝活動，但是有很多人提出了反對意見，認為「老百姓因災害生活窮困，不僅今年不能舉辦，明年也不行」，因此舉辦慶祝活動的提議就此擱置。1705年世子和諸位大臣再次委婉地請求舉辦宴會，於是肅宗決定四月舉辦進宴，但由於氣象異變等原因這次宴會的舉辦又推遲了兩次，最終於1706年八月才正式舉行。

因此宮中有喜事需要舉辦宴會時，首先諸位大臣會請求王舉辦宴會，而王則會基於國家的財政、宮廷氣氛等原因多次推辭，不肯輕易答應。即便在大臣們多次請求下不得不同意，王也會指示他們要縮小宴會的規模。

王點頭應允之後，在宴會正式舉辦前幾個月，準備活動就開始了。為了準備各種宴會活動，宮中會成立「都監」這一臨時機構，然後從公職人員中選撥出擔任這一任務的官員，發佈臨時兼職的命令，命令其負責宴會當天的儀式順序，以及舞蹈、歌曲、飲食等次序，還有必要的物品。尤其是飲食方面，負責官員要確定符合宴會規模的桌子大小，食物的數量和內容，製作「饌品單子」或「飲食件記」等文件，記載宴會食物的種類和必要食品的分量等所有內容。

電視劇《大長今》裡出現的宴會場景，宴會上不僅有美食，還可以欣賞到美麗的舞蹈和歌曲。

宴會飲食之奇葩

宮廷宴會記錄《進宴儀軌》裡，列舉了製作神仙爐的材料，包括：牛裡脊肉、牛肥腸（牛腸最末端肥油最多的部分）、肝、百葉、豬肉、豬仔、野雞、老雞、鮑魚、海參、梭魚、雞蛋、香菇、芹菜、蘿蔔、太白粉、麵粉、蔥、香油、醬油、胡椒、松子、銀杏、核桃等，足足達二十五種之多。神仙爐中不僅有各種蔬菜，更有各種肉類和魚類，陣容華麗。

最早記載神仙爐的形狀和烹飪方法的文獻是肅宗時的御醫李時弼所作的《護聞事說》。這本書中將神仙爐稱為「悅口子湯」，並說明它來自中國。古時的烹飪書籍《閨閣叢書》《林園十六志》《閨壼要覽》《東國歲時記》等文獻裡記載的神仙爐，其食材和烹飪方法相互之間都稍有區別。隨著歷史的發展，神仙爐逐漸成為一種代表朝鮮

1 《朝鮮無雙新式料理製法》（1924年初版，1936年修訂）封面上的神仙爐。
2 《護聞事說》裡記載悅口子湯的原文。「神仙爐」有時也寫作「新設爐」，有多種稱謂混用，例如「悅口子湯、悅口資湯、熱口子湯」等，或是直接省略為「悅口子、口子」。

的食物，近代以來神仙爐更被認為是飯店中不可或缺的華麗食品。二十世紀初期、中期刊行的烹飪書籍中，很多都是以神仙爐為封面的。

想像品嘗者嘴角的
一抹微笑

三色糯米糰

> 夜幕降臨的深夜，長今在沉思該如何向恩人表達自己的謝意，然後她挽起了袖子，將銀杏搗碎，大棗切成絲。
>
> 長今將年糕切成了一口大小，然後在年糕上沾上銀杏粉、紅棗絲、栗子絲，做成三色糯米糰，然後急匆匆地來到了閔政浩值夜班的地方。她拿出一個裝滿糯米糰的竹籃，對他這樣說道「我在製作食品的時候，總是希望吃它的人臉上能夠漾起一抹微笑。我希望這些食物能夠將我的謝意傳達給您」。這句話很好地表達了烹飪食物之人的心情。

裝飾年糕塔的年糕｜三色糯米糰

糯米糰指的是用糯米製作而成的糯米年糕，質感類似於年糕。在糯米粉裡加入石耳、銀杏、艾草、柚子、薏仁、紅棗等食材，放到鍋裡蒸熟，然後再放到碓臼裡將其捶打到有韌性為止，再切成鳥蛋大小，抹上蜂蜜，沾上松子粉、小豆蓉、栗子絲、紅棗絲等。最早糰子並不單獨使用，而是用在宴會席上裝飾年糕塔的。

艾草糯米糰　　　　紅棗糯米糰　　　　石耳糯米糰

艾草糯米糰

材料

糯米1杯（160g）、鹽1½小匙、艾草50g、蜂蜜1大匙（20g）

豆蓉 小豆¾杯（120g）、鹽½小匙

餡 小豆沙½杯（100g）、桂皮粉⅓小匙、蜂蜜1小匙

鹽水 鹽1小匙、水1杯

準備

1 將糯米洗乾淨，放在涼水裡浸泡2小時，倒到籮筐裡靜置20分鐘瀝乾水分，加入½小匙鹽放到粉碎器裡粉碎，用細篩子篩一遍後，約足糯米粉2杯（200g）。

2

3, 4

2 撕下柔軟的艾草葉，放入加鹽的沸水中煮一會兒，然後用涼水洗淨，擠乾水分，用刀剁碎，之後要把它拌到糯米粉中。

3 將小豆放到溫水中泡發1小時，然後用手掌揉搓小豆去掉豆皮，多次加水沖洗，直到將小豆的豆皮沖洗乾淨。

4 將沖洗乾淨的白色豆粒放到蒸鍋裡，鋪上一層棉布，蒸40分鐘。在豆子裡撒上鹽碾碎，放到粗篩子裡，用鍋鏟使勁按壓，用篩下的細豆沙做豆蓉。

做法

5 在冒熱氣的蒸鍋裡鋪上一層打濕的棉布，放上糯米粉蒸10分鐘左右，直至糯米粉變清。

6 在½杯小豆蓉裡加入桂皮粉和蜂蜜，用力揉搓，做成2cm條狀餡。

7 在蒸熟的年糕裡，加入煮好的艾草葉，放入碓臼中搗至年糕均勻地泛綠色，放到砧板上鋪開。在鋪開的年糕裡加入小豆餡，捲起來之後抹上蜂蜜，然後拉到2cm粗，再撕成一口大小，沾上豆蓉。

7   7   7

紅棗糯米糰

材料

糯米1杯（160g）、鹽½小匙、紅棗8個（32g）、蜂蜜1大匙（20g）、栗子蓉6個（300g）、紅棗蓉12個（48g）

鹽水 鹽1小匙、水1杯

準備

1 將糯米洗乾淨，放在涼水裡浸泡2小時，倒到籮筐裡靜置20分鐘瀝乾水分，加入½小匙鹽放到粉碎器裡粉碎，用細篩子篩一遍後，約足糯米粉2杯（200g）。

2 將8個紅棗去核，剁碎（剁碎之後為24g）。

3 剝掉栗子皮，先切成薄片，再切成絲，紅棗也先切成片，然後切成細絲。切完之後栗子絲為210g、紅棗絲為36g。

做法

4 在糯米粉中加入剁碎的紅棗，在冒熱氣的蒸鍋裡鋪上一層打濕的棉布，放上糯米粉蒸10分鐘左右，直至糯米粉變清。

5 將蒸熟的年糕放到砧板上抹上鹽水，用力揉搓直至年糕成團。

6 在年糕糰上抹上蜂蜜，鋪開成1cm的厚度，切成一口大小的四方形，沾上栗子蓉、紅棗蓉。

石耳糯米糰

材料

糯米1杯（160g）、鹽½小匙、泡發好的石耳
10g、蜂蜜1大匙（20g）
蓉 松子⅔杯（80g）
鹽水 鹽1小匙、水1杯

準備

1 將糯米洗乾淨，放在涼水裡浸泡2小時，倒
　到籮筐裡靜置20分鐘瀝乾水分，加入½小匙
　鹽放到粉碎器裡粉碎，用細篩子篩一遍後，
　約足糯米粉2杯（200g）。
2 泡發好石耳以後，挑掉裡面的石頭，擠乾水
　分，剁碎。
3 將松子放到紙上，用刀將其剁成細末。

做法

4 在糯米粉中加入剁碎的石耳，在冒熱氣的蒸
　鍋裡鋪上一層打濕的棉布，放上糯米粉蒸10
　分鐘左右，直至糯米粉變清。
5 將蒸熟的年糕放到砧板上抹上鹽水，用力揉
　搓直至年糕成團。
6 在年糕糰上抹上蜂蜜，鋪開成1cm的厚度，
　切成一口大小的四方形，沾上松子粉。

宮廷年糕

宴會上不可缺的風味食品

對於韓國人來說，年糕雖不像米飯那樣每天食用，但每逢家中有大大小小的宴會、祭祀、考試等活動，年糕是絕對不可缺少的。自古以來，就有「米飯上面是年糕」的說法，它象徵著美味、美好的東西。韓國民間還有「白得的年糕鄰里分一半」的說法，作為一種分享食品，它讓人們之間的感情更加深厚。

所謂的年糕，就是將穀物脫粒或磨成粉，然後通過用火蒸或是放到碓臼裡捶打的過程，做成一種易於消化、易於食用的食物。

在韓國飲食之中，年糕作為一種禮儀食品，經常會用於生日、婚禮，而它作為時令食品和零食也具有特別的意義。例如，在孩子週歲宴的時候賓客會分食一種「白雪糕」，象徵孩子的單純，祈願孩子不斷成長；在孩子生日的時候，則會給孩子做一種紅色的高粱紅豆糰子，意在為孩子阻擋厄運；舉辦婚禮時則會食用一種「彩禮糕」（紅豆蒸糕），祈願夫婦之間琴瑟相鳴，感情就如年糕一般堅韌。

有時人們還會根據季節的變遷，使用當季新鮮食材，製作出各種年糕作為風味食品，比如初春時在年糕裡加入新艾製成艾米粉蒸糕，三月三時就用杜鵑花做花餅，五月五端午節時就用山牛蒡做車輪餅，九月用菊花瓣做菊花餅，以品嘗每個季節的美。

年糕塔

這幅風俗冊畫裡描繪了人們在院子裡舉辦敬老宴的情景。人們將年糕層層疊起，將擺年糕的桌子放到中間，接待老人。

在宴會或祭祀時，會將年糕堆得高高的，這種形式裡包含了為家中長輩和祖先祈求陰德的心情，人們也認為大家分享了這些年糕，便可以分享福氣。

根據製作方法的不同，年糕可以分為蒸糕、打糕、捏糕、油糕。白雪糕和小豆夾心蒸糕屬於蒸糕，蒸糕的做法是將穀物磨成粉，放入蒸籠用蒸氣蒸。打糕的做法是：先將年糕粉放到蒸籠裡蒸好，然後再放到碓臼裡捶打，讓年糕充滿韌性。年糕、條糕、片糕等都屬於打糕。捏糕的做法是用開水將糯米粉和好，然後用手捏成想要的模樣，松餅、瓊團糕、糯米糰類的都屬於此類。煎糕的做法是用開水將糯米粉和好，做出形狀以後放到油鍋裡煎，包括花餅、糯米麵甜油糕、糯米煎糕等形式。

將年糕放在中央的宴席。

歌頌主人翁功德的年糕塔

宮廷中舉行宴會時,王和王族的膳桌上會擺滿各種各樣、堆得滿滿的菜品。不同的食物堆積的高度也不同,其中最高的食物是年糕,高度大約從四十公分到五十二公分不等。

各色餅也會做成年糕塔,將多種年糕放到同一個容器中,然後擺到宴會桌上。將各種不同的粳米蒸糕擺放到碗中,稱為「各色粳米餅」,將糯米蒸糕擺放到碗中,則稱為「各色黏甑餅」。從高宗時所舉辦的宴會上擺放的年糕來看,宴會上的年糕包括:五到七種黏甑餅、四到十種粳甑餅、二到七種糯米麵甜油糕和花餅、一到四種糯米糰和雜果餅,由此來看年糕的種類比其他食物多很多。宴會的規模不同、擺桌的形態也不同。根據年糕的種類,各色餅可以擺到同一碗中,也可以擺在桌子中心,或可以分到很多不同的碗中擺放。

如果是年糕塔,則將其放到膳桌的兩邊,上面用華麗的花朵裝飾。年糕的擺放體現出年糕在宮廷宴會中的重要性。

在宮廷宴會上擺放的年糕等食品,通過參加宴會的宗親或高官大爵流傳到上流社會。今天韓國人在舉辦週歲宴或花甲宴的時候,喜歡將宴會桌上的食物堆得高高的,這種風俗也都是源於宮廷宴會。

分享給百姓的宴會食物

人們認為王室在舉辦宴會時,應當與老百姓分享喜悅,因此宴會結束以後,宮中會將宴會上的年糕等食物分給士大夫以下的平民。王為了實踐「與民同樂」的精神,會施行各種善政,比如賜給老人大米和肉食,賜給貧困的人大米,救濟乞丐、減免田稅和還穀等。

華麗宴會的
食物塔

華陽串與
紅燒鮑魚

> 燕山君生日時宮女們正忙著準備宮廷宴會，韓尚宮正在精心地準備著神仙爐，崔尚宮坐在她的前面整齊地擺放著紅燒鮑魚。崔尚宮到這裡來為的是監督宮女的工作，她四處認真查看，隨手拿起串得五顏六色的華陽串聞了聞，忽然皺起眉頭，將華陽串扔到了宮女的臉上，大聲地訓斥她：「到現在都不知道大王喜歡的白蘇油的分量嗎？」這一場面體現了宮女悉心準備代表著華麗宴會的兩種食物的情況。

宴會上豪華的肉串｜華陽串

華陽串是用牛肉、桔梗、香菇、雞蛋等五色食材做成的，製作方法是：將這五色食材煮熟，然後將它們串到一根竹籤上，串的時候要注意食材的平整。這種茨蛋肉串在宮廷宴會上被用於堆積食物塔。有時候中間也會放上紅燒鮑魚或紅蛤炒。

根據宮廷儀軌的記載，製作華陽串不僅使用牛肉，有時還會使用豬肉，也會用野雞肉、雞肉、鴨肉、脊背肉、牛頭骨肉等肉類，牛胃等內臟，還會用梭魚、鮑魚、海參、章魚等海鮮，石耳、冬瓜等各種食材。

華陽串

材料

牛肉（牛臀肉）150g、香菇3朵（大的、24g）、整根桔梗3個（45g）、胡蘿蔔2塊（5cm、140g、鹽½小匙）、黃瓜3塊（5cm、180g、鹽1小匙）、雞蛋3個、鹽⅔小匙、食用油3½大匙

肉類醃料 醬油2大匙、白糖1大匙、蔥末1大匙、蒜末2小匙、芝麻鹽2小匙、香油2小匙、胡椒粉少許

蔬菜醃料 鹽1小匙、蔥末1大匙、蒜末2小匙、芝麻鹽2小匙、香油1大匙

松子汁 松子粉2大匙、香油1小匙、肉湯3大匙、鹽½小匙

準備

1 將牛肉切成厚0.8cm的大塊，然後剁碎。香菇要挑大的，放到溫水中泡發1小時，然後切成寬0.8cm的條狀。

2 將整根桔梗和胡蘿蔔切成長5cm、寬0.8cm的條狀，放到沸水中，加入½小匙鹽汆燙一下，然後用涼水沖洗，瀝乾水分。黃瓜也切成同樣大小，加鹽醃漬之後瀝乾水分。

3 將蛋黃、蛋清分離，分別加入⅓小匙鹽，攪拌。在燒熱的平底鍋中抹上一層薄薄的食用油，將蛋液倒入平底鍋中，用文火煎，蛋液表面煎乾之前將雞蛋餅摺疊兩下，捲成0.8cm的厚度。放涼以後切成與其他食材同樣大小。

4 在松子粉中加入鹽、香油，再加入肉湯，用筷子攪拌一會兒之後，做成乳白色的松子汁。

做法

5 將蔥、蒜剁碎，倒入醬油，再加入剩餘的佐料，做成醃肉醬，用它分別醃肉和香菇。

6 製作蔬菜醃料，將桔梗、胡蘿蔔分開醃漬，黃瓜不再另外醃漬。在平底鍋中分別倒入½小匙食用油，用大火分別炒熟。

7 將準備好的食材根據配色分別擺放好（按照牛肉、桔梗、胡蘿蔔、黃瓜、黃白雞蛋絲、香菇的順序），用細竹籤將這些食材依照相同的順序從中間穿過，並且確保食材兩側的長度相同。

8 將華陽串擺成圓形，或是排列擺好，然後倒上松子汁。

食材　　1, 2, 3　7

華陽串　　　　　　　紅燒鮑魚

紅燒鮑魚

材料

生鮑魚7個（600g、處理後剩150g）、銀杏10個（20g）、松子粉1小匙、食用油½小匙

調味汁 醬油4大匙、白糖2大匙、水1杯（200㎖）、蜂蜜1大匙、大蔥1cm（2段、20g）、蒜1瓣（5g）、薑2片（3g）、紅辣椒½個（10g）

太白粉水 太白粉2小匙、水2小匙

準備

1 將生鮑魚放到沸水中汆燙1分鐘，然後用筷子將鮑魚肉從殼中挑出。洗乾淨，在其中一面上以0.5cm的間隔橫向、縱向切十字花。

2 薑、蒜切成薄片，蔥切成1cm的小段後再切成兩半。紅辣椒切成兩半，去掉中間的籽，然後切成蔥的大小。

3 在燒熱的平底鍋上抹上½小匙食用油，用中火將銀杏炒到發綠，剝掉銀杏皮。

4 太白粉加水混勻備用。

做法

5 在鍋中加入準備好的醬油、水、白糖煮一會兒，然後加入薑、蒜、紅辣椒繼續煮。

6 加入處理好的鮑魚，倒入調味汁，用溫火燉到湯只剩下1大匙左右，然後放入蔥。

7 在剩下的調味汁裡加入太白粉水，不斷攪動，使其散發光澤。

8 將其盛到碗中，盛放時注意美觀，然後撒上松子粉。

• 鮑魚殼還可以用來盛放做好的紅燒鮑魚，盛好之後再放上銀杏、撒上松子粉，也是不錯的選擇。

生鮑魚

5, 6

7

宴會儀軌是記載宮廷飲食的寶庫

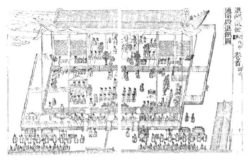

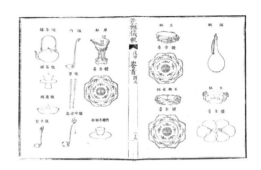

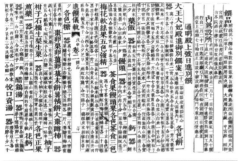

各種儀軌的饌品部分記載的內容都很詳細,包括食物準備的原因、地點,每個宴會中食物的種類、高度,以及桌子和碗具的種類等,每種食物的名稱下面用小字標注了食物裡使用的食材種類和分量等。

活動中的食物和食材記載

所謂的儀軌是一種記錄性的文檔,當宮中發生大事或值得慶祝的事情時,儀軌會將事件的討論過程、準備過程、禮儀程式、舉辦過程、活動結束後嘉獎有功人士的過程詳細地記載下來,以供後世做參考。「都監」就是為了監督活動的準備而成立的臨時機構,該機構會將所有活動過程按照日期順序進行記錄,製作出一種名為「膳錄」的文檔,在膳錄的基礎上,再補充一些資料之後,整理、記載而成的文檔就是儀軌。在活動結束以後,儀軌會製作許多冊,分別用於呈給王御覽、保管,對活動中辛苦忙碌的人也會進行嘉獎等。

各種儀軌的內容非常豐富,包括班次圖、圖式、饌品、排設等專案,其中班次圖描繪了參加儀式的人的隊伍,圖式描繪了活動舉辦的場所和活動情況,饌品記載了活動中的食物和食材,排設裡記載了活動中各種器具的擺設,這些都是很重要的資料,它告訴我們當時宮廷宴會的具體風貌。特別是饌品部分裡面記載了活動中食物的相關資料,且詳細記述了不同身分的膳桌名稱,根據禮儀順序呈上的食物等。儀軌自朝鮮建國以後就開始編纂,一直持續到日本殖民地時代,但整個朝鮮時代的儀軌在歷經壬辰倭亂(1592~1598)之後或在火災中燒毀,或被倭兵掠奪走了,全部佚失,現

在已不復存在了。現存的儀軌都是壬辰倭亂之後製作成的。

在飲食件記裡記錄宴會菜單

飲食件記裡記載了進饌、進宴、各種祭祀、生辰、喜事等飲食目錄和參加者的職責，賜給他們的飲食的種類等，「飲食件記」也稱為饌案、饌品單子。宮廷宴會的記載也稱為進御件記、賜饌件記，祭祀禮儀和喪禮的記載稱為進享件記。除此以外還有茶禮件記，以及根據王賜給大臣或百姓的物品目錄製作而成的頒賜件記，以及記載在誕辰、養老宴上，王賜給王族、內外來賓、外戚等客人的食物清單的件記，甚至僅為天花等特別病症的恢復而製作的飲食件記或藥房進獻的件記種類就達五百多種。飲食件記偶爾在民間也有發現，這是在有喜事時，王賞賜食物給居住在宮廷之外的王族或出嫁的公主的記載。

「千萬歲東宮大人冠禮時賜饌床件記」裡出現的華陽串和紅燒鮑魚

1882年1月，當時還是王世子的純宗舉行冠禮時，曾賜給臣子們食物，「千萬歲東宮大人冠禮時賜饌床件記」就是對這件事情的記載。他賜給臣子的食物有各色餅、紅燒鮑魚、華陽串、香煎魚片、香煎牛胃片、肉片、蛋包、涼粉、各色水果、各色蜜餞、生梨桂皮茶、醋醬、芥子、蜂蜜等。

在宮廷宴會上進呈食物之前，先呈上饌品單子，身分不同，單子所用的紙張顏色也不同。

在「千萬歲東宮大人冠禮時賜饌床件記」裡，我們可以看到紅燒鮑魚和華陽串放到了同一碗中。

91

3 宮廷美食，
　 究竟有哪些蘊意？

對身體有害的東西絕不能上餐桌，
做御膳的人們心中始終有一個刻骨
銘心的原則，那就是從簡單的果盤
到華麗的宴會桌，宮廷餐飲無不重
要。

招待糖尿病使臣的
素菜飯桌

蔬菜餐

"

朝鮮時期非常注重外交禮儀，對國外使節總是以禮相待。有一次從明朝來了使節，大長今和韓尚宮等到了露一手的好機會。長今知道這位使節長年患有糖尿病，於是建議他連續五天只吃素菜，不要吃華麗大餐。使節試過之後確實感覺到糖尿病得到了緩解，於是對長今讚不絕口。外交難題也由此得以解決。這就是食療發揮重要作用的一刻。掌廚之人一定要考慮到就餐者的身體情況，從而烹製出對人體有益的美食，以取得食療效果。

"

健康的蔬菜餐 | 什錦蔬菜

素菜有新鮮蔬菜與熟菜，通常素菜是指熟菜。素菜一般煮好後涼拌，或者曬乾後想吃的時候再用水泡發並炒製。植物的根、葉、莖、果實等均能加工成可食用的素菜食材。常見的有蘿蔔、桔梗、蕨菜、紫萁、竹筍、黃瓜、菠菜、馬蹄葉、茄子、西葫蘆、香菇、平菇、豆芽、綠豆芽、蘿蔔葉等。素菜一般在春季多吃。每到春意盎然的立春時節，宮裡就會用帶辣味的五種蔬菜做成五辛菜端上御膳桌。民間的人們也會分享這種應季美食。五辛菜包括冬蔥、芥菜、水芹芽、蘿蔔纓等味道有些特別的新芽。吃立春菜，可以補充寒冬所欠缺的新鮮蔬菜營養素，還具有迎接明媚春季之意。

什錦熟拌菜 桔梗、蕨菜、櫛瓜、香菇、黃瓜

材料

桔梗

桔梗200g、食鹽1小匙、水½杯、食用油1小匙、水5大匙

調味料 食鹽1小匙、蔥花2小匙、蒜末1小匙、白糖½小匙、芝麻鹽1小匙、香油1小匙

蕨菜

泡發蕨菜250g、食用油1小匙、水5大匙

調味料 湯醬油1大匙、蔥花2小匙、蒜末1小匙、芝麻鹽1小匙、香油1小匙、胡椒粉少許

櫛瓜

櫛瓜1個（300g）、食鹽1大匙、水1杯、紅辣椒½個、食用油1小匙

調味料 蔥花2小匙、蒜末1小匙、香油1小匙、芝麻鹽1小匙

香菇

鮮香菇10朵（300g）、食用油2大匙

調味料 食鹽1小匙、香油1小匙、芝麻鹽1小匙

黃瓜

黃瓜2個（230g）、食鹽2小匙、水½杯、食用油1小匙

調味料 蔥花2小匙、蒜末1小匙、芝麻鹽1小匙、香油1小匙

準備

1 把桔梗切成5cm長條，放入鹽水中用手抓洗，再用涼水沖掉苦味後用開水焯2分鐘，最後用涼水沖洗後瀝乾水分。

2 泡發好的蕨菜去掉硬莖，切成5cm長條。

3 櫛瓜按長度分成兩半，然後切成半月狀片，放入鹽水中醃漬20分鐘，最後用棉布擰乾水分。

4 鮮香菇用流水清洗後去掉蒂，用棉布擦拭後切成2mm厚片。

5 用食鹽擦洗黃瓜之後切成0.5cm厚片，用鹽水醃漬後擰乾水分。

做法

6 把調味料分別放入桔梗與蕨菜中拌勻。

7 在平底鍋裡倒入1小匙食用油，分別用中火炒素菜。中間分別倒入5大匙清水，然後蓋上蓋子用微火熬到只剩1大匙湯。

8 在燒熱的平底鍋裡倒入1小匙食用油，用中火炒櫛瓜，中間放入調味料炒7～8分鐘，等到櫛瓜變透明時把紅辣椒碎放入鍋中同炒。

9 在燒熱的平底鍋裡放入2大匙食用油，用中火炒香菇，中間放入調味料，炒到香菇變軟。

10 把醃漬的黃瓜和調味料一起放入熱好食用油的鍋中炒一下。

材料

6

7

四色熟拌菜 豆芽、菠菜、綠豆芽、茄子

材料

豆芽

豆芽300g、水1杯（200㎖）、食鹽1小匙、紅辣椒1個

調味料 食鹽½小匙、湯醬油1小匙、蔥花2大匙、蒜末1小匙、香油2大匙、芝麻鹽1大匙

綠豆芽

綠豆芽300g、食鹽1小匙、水、紅辣椒

調味料 食鹽½小匙、湯醬油½小匙、蔥花2小匙、蒜末1小匙、香油1小匙、芝麻鹽1小匙

茄子

茄子3個（蒸好切成絲300g）、水

調味料 食鹽½小匙、湯醬油2小匙、辣椒麵1小匙、蔥花2大匙、蒜末1大匙、食醋1小匙、芝麻鹽1小匙

菠菜

菠菜300g、食鹽1小匙

調味料 食鹽½小匙、湯醬油½小匙、蔥花2小匙、蒜末1小匙、香油1小匙、芝麻鹽1小匙

準備

1 豆芽挑去根部後清洗乾淨，然後放入清水與食鹽後蓋上蓋子煮10分鐘，然後倒入漏匙中瀝乾水分。

2 綠豆芽去掉根部後清洗乾淨，在開水中放入1小匙食鹽煮3分鐘，然後撈出瀝乾水分。

3 茄子去掉蒂後清洗乾淨，對半切。放入水開的蒸籠中蒸5分鐘後放涼，然後撕成5～6cm長條。

4 菠菜去掉根部和枯葉後，在開水中放入1小匙食鹽後打開鍋蓋燙菠菜。汆燙好後放入涼水中清洗，瀝乾水分後切成5cm長條。

做法

5 在處理好的蔬菜中分別放入調味料拌勻，豆芽和綠豆芽用紅辣椒切片做點綴。

材料

3

4

拌飯，豆芽湯，蘿蔔片水泡菜，糯米辣椒醬
（從左下角開始按照逆時針方向擺放的）拌飯桌

熟拌菜拌飯（泪蕫飯）

材料

白米飯4碗、牛肉（剁碎的牛肉）100g、雞蛋
1個、食鹽¾小匙、香油1小匙、食用油
桔梗菜、蕨菜、菠菜、豆芽、蘿蔔纓、香菇、
黃瓜、櫛瓜

肉醬汁 醬油1大匙、白糖½大匙、蔥花2小匙、
蒜末1小匙、香油1小匙、芝麻鹽1小匙、胡椒
粉少許

準備

1 做好各種素菜。

2 在剁好的牛肉裡放入肉醬汁拌勻，然後放入
平底鍋裡用中火炒一下。

3 雞蛋分離蛋白與蛋黃，放入食鹽¼小匙後攪
勻。在燒熱的平底鍋裡微抹一下食用油，用
微火煎好蛋白和蛋黃。

做法

4 把炒牛肉與香油放入米飯中，用¼小匙食鹽
調好味後拌勻。

5 拌好的飯分裝到幾個碗裡，再把備好的蔬菜
按顏色搭配擺好，最後放上煎蛋點綴。

豆芽湯

材料

豆芽200g，大蔥30g，食鹽1小匙，
清水4杯，蒜末1小匙

準備

1 豆芽去掉根部後清洗乾淨，大蔥切好。

做法

2 把豆芽、水和食鹽放入鍋中蓋上鍋蓋煮沸，
水開後調成中火繼續煮10分鐘。

3 放入蒜末與蔥花後關火，蓋上蓋子燜3分鐘，
用湯碗盛好端上桌。

• 擺拌飯桌的時候，要同時端上豆芽湯、蘿蔔片水
泡菜、糯米辣椒醬、香油等。

• 辣椒醬可參考「生菜包飯」。

• 把蘿蔔和白菜切成一口大小的方片後，用食鹽醃
漬並瀝乾水分，放入蔥絲、大蒜和生薑拌勻，把
放入辣椒粉的鹽水過濾後倒入其中，然後放涼。

• 素菜請參考「什錦蔬菜」與「四色蔬菜」。

• 可選用白色、綠色和褐色的3～9種素菜。

什錦生拌菜 生拌蘿蔔絲、黃瓜、桔梗

材料

生拌蘿蔔絲

蘿蔔300g、食鹽1大匙

調味料 辣椒粉1大匙、白糖1大匙、食醋1大匙、蔥花½大匙、蒜末½大匙、薑末½小匙、香油1小匙、芝麻鹽1小匙

生拌黃瓜

黃瓜1個（230g）、食鹽2小匙、水½杯

調味料 湯醬油1小匙、白糖1小匙、蔥花1小匙、蒜末½小匙、芝麻鹽1小匙、食醋1小匙

生拌桔梗

桔梗200g、食鹽1小匙

調味料 辣椒醬2大匙、辣椒粉1小匙、白糖1大匙、食醋1大匙、蔥花1小匙、蒜末½小匙、芝麻鹽2小匙

準備

1 蘿蔔削皮後切成0.3cm後的圓片，撒上食鹽醃上。

2 黃瓜切成圓片撒上食鹽（食鹽2小匙，水½杯）醃上。

3 桔梗撕成5cm長的細絲，撒上食鹽抓洗，然後用清水沖洗清除苦味。

做法

4 醃漬的蘿蔔與黃瓜去掉水分。

5 做生拌蘿蔔絲時，先在蘿蔔絲上撒點辣椒粉，然後抓勻使蘿蔔絲上色，最後放入剩下的調味料拌勻。

6 做生拌黃瓜時，放入適量調味料拌勻。

7 做生拌桔梗時，放入辣椒醬與辣椒粉上色，然後放入剩下的調味料拌勻。

材料　　　　　　5

生拌菜拌飯

材料

牛肉（切薄片）200g、生菜50g、芽菜20g、圓白菜100g、胡蘿蔔80g、西葫蘆100g、食鹽1½小匙、食用油1½小匙

肉醬汁 醬油1½大匙、白糖½大匙、蔥花2小匙、蒜末、清酒、香油½大匙、芝麻鹽2小匙、胡椒粉少許、水2大匙、食用油1小匙

醋辣醬 辣椒醬4大匙、食醋2大匙、白糖1大匙、水2大匙

準備

1 將生菜清洗後切成絲，芽菜洗淨備用。

2 將圓白菜與胡蘿蔔切成0.5cm寬的粗絲，將茭瓜對切後，再切成半月形片狀。
分別放入½小匙食鹽醃漬後去除水分。

3 醋辣醬用適量材料拌勻。

做法

4 將牛肉用適量肉調味醬拌勻醃漬，在平底鍋裡放入1小匙食用油後炒製。

5 平底鍋裡倒入½小匙食用油，分別炒圓白菜、胡蘿蔔和西葫蘆。

6 把拌飯盛好，將適量炒肉、新鮮蔬菜與炒素菜放在飯上，再加入少許醋辣醬。

蘊涵著朝鮮飲食哲學的烹飪書

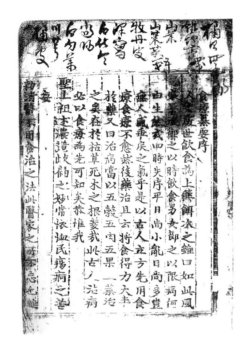

《食療纂要》序文中有這樣一句話，「民以食為天，病以食為主。」

食療

　　朝鮮王朝時期，人們就已知道藉由攝取一定量的新鮮蔬菜可以預防疾病，即預防第一，治療第二。所謂「食療」是指攝入新鮮蔬菜來療癒身體的意思。朝鮮王朝時期宣祖許浚編撰的《東醫寶鑑》（1613）等醫書與農書也強調了要以蔬食為主，再響以應季藥茶、藥酒、飲料和食物為輔。藉由這種飲食理念，可以有效預防各種疾病，進而可以增進人體健康。

　　《東醫寶鑑》中有句話叫「藥食同源」，也就是說人體每天攝入的食物具有不亞於藥物的療效，所以部分疾病可通過食療的方式來進行治療，食療也可以作為輔助治療。即「人體的健康之本在於食物，若不懂得調整飲食，就不能好好養生」。書中用大量篇幅敘述了食療處方相關內容，並羅列了穀物、水果、肉類、蔬菜等多種食物的性質、效能及應用方式。在宮廷中，「藥食同源」的理念也成為挑選和烹製宮廷美食的重要原則。

世祖的醫藥論

　　朝鮮王朝的世祖大王非常重視天文、地理、醫藥等領域的實用性學問，尤其對醫學與醫官教育情有獨鍾。

　　1463年12月頒佈的《醫藥論》是世祖所知的治病原則與醫官職業觀的文章，書中將醫官的資質與工作態度分成八大類進行說明，其中心醫與食醫尤被認為是出色醫者的象徵。

　　所謂心醫就是可以讓患者心安舒適的醫生，食醫則是用食物處方關照養生的醫生。吃得好，就能氣韻通暢，如果吃得不好，身體就會感到難受，所以相較於治療，更加強調疾病的預防。尤其是身患疾病後，要適當調整飲食，以取得更好的治療效果。

御醫編撰的食療書

　　《食療纂要》是全循義於世祖六年（1460）編撰的醫書，全循義在世宗、文

宗、端宗、世祖等四個朝代均擔任御醫。他秉承重視食療的世祖旨意，在原有的醫書基礎上，選出四十五個食療處方整理成冊，以便需要時查看。食療與食治含義相同，是指通過食物取得療效。全循義在《食療纂要》的序文中提到，「古人開處方時先採用食療方式，若食療無效再用藥物進行治療。」他對食療的重視程度可見一斑。他還說道，「治療疾病當然要用五穀、五肉、五果、五彩來進行控制，哪能奢望枯草和死樹根有療效呢。」由此可見，他一直在強調藥食同源的理念。

宮中的食療食物

王室裡具代表性的食療飲食有駝酪粥、綠豆粥、用蓮子粉熬製的蓮子粥、牛胃粥等多達數十種。長時間生病吃藥引起食慾不振或大病初癒後，通常都是採用通過美食恢復元氣的食療方式，其中最常用的處方就是粥。相當於王祕書室的承政院曾經編寫了王的國政紀錄冊《承政院日記》，其中也記載了御膳中用得最多的食療處方就是駝酪粥。每當王不能食用肉類時，為了使王更好地恢復元氣，內醫院就會下食療處方——駝酪粥。

醍醐湯和煎藥也是王室的食療處方，同時也是王賜給年老大臣們的特別禮物。醍醐湯的食材有用稻草薰乾的烏梅肉、砂仁、白檀香、草果等韓藥材，把這些藥材磨成粉之後用蜂蜜浸漬，食用的時候用涼水沖開當飲料喝即可。酷暑難當的夏季，王會賜給大臣們端午扇、醍醐湯與冰塊。

煎藥是用蜂蜜、阿膠、桂皮、乾薑、胡椒、丁香、大棗等具有熱性的韓藥材熬製而成的食療處方。每到冬至，王就會賜給大臣們煎藥，好讓他們更好地度過寒冷冬季。

煎藥

醍醐湯

象徵長壽的
五色五味

燉牛排骨

> 為了選拔大王大妃壽宴籌備人選，韓尚宮與崔尚宮展開了廚藝大賽。韓尚宮因崔尚宮的陷害不得不中途退出比賽，由長今繼續接力。最終長今出色的手藝受到了認可，王讚美道「妳是御膳房之最」。為了為期三天三夜的宮廷宴會，御膳房準備了好多華麗的美食，並為每位嘉賓都單獨擺了宴席。不僅有平時難得一見的種種山珍海味，還能看到用牛的所有部位烹製出的美味菜餚。過去的牛肉肉質非常堅韌，如果煮得不好，就很難嚼，所以當時煮肉也是一項特別技術。

宴會特色佳餚｜燉牛排骨

在韓國，把食材和湯一起燒開煮熟的方式與用蒸氣蒸熟的方式均叫做「燉」。一般以牛排骨、牛尾、牛膝窩肉、豬排骨等肉類為主要食材的美食，都會用微火長時間慢燉，從而使肉質變得更加柔嫩。韓國人尤其喜歡吃牛排骨，認為牛排骨是上好佳餚，所以每逢節日或舉辦宴會時，總會用牛排骨來招待客人。做燉牛排骨時，要先去掉脂肪，然後用調味料煨好，再跟香菇、蘿蔔、胡蘿蔔等多種蔬菜同炒，烹製出可口的美味佳餚。

燉牛排骨

材料

牛排骨2kg（煮熟後會變成1.6kg）、清水10杯（2ℓ）

高湯 牛排骨肉湯7杯（1.4ℓ）、蘿蔔200g、胡蘿蔔100g、乾香菇5朵（小的20g）、栗子5個（150g）、紅棗8個（32g）

配料 銀杏10個（15g）、松仁1小匙（5g）、雞蛋1個、水芹葉子8片、食用油1小匙、食鹽½小匙

調味料 醬油8大匙、白糖4大匙、蔥花4大匙、蒜末2大匙、香油2大匙、芝麻鹽2大匙、胡椒粉少許、肉湯1杯、梨汁8大匙（梨½個）

準備

1 把牛排骨切成5cm長塊，清除脂肪，用涼水泡1個小時，清除血水。在大鍋裡放入10杯水燒開，放入牛排骨煮20分鐘後撈出。肉湯放涼後撈出油，再用棉布過濾肉湯。

2 清除熟排骨上的多餘脂肪後，在表面十字切，間距約1cm。

3 把蘿蔔與胡蘿蔔切成4cm×2.5cm塊狀，邊緣稍微修一下，放入肉湯裡煮5分鐘。香菇用涼水泡發約一個小時，並去掉蒂。

4 栗子剝皮，大棗去核。鍋裡放½小匙食用油，放入銀杏用中火炒至呈綠色，去皮備用。

5 雞蛋分離蛋白和蛋黃，分別放入¼小匙食鹽。在平底鍋裡倒入一層薄薄的油，用微火煎蛋，並切成1cm見方的骨牌狀。

6 梨削皮後用鋼板擦成末，放入調味料碗裡拌勻。

做法

7 把弄好的牛排骨放入鍋中，加入⅔的調味料拌勻，再倒入肉湯至蓋過排骨，然後煮熟。

8 排骨煮熟後放入熟蘿蔔、胡蘿蔔、香菇、栗子和大棗，把剩下的調味料也全部放進去，煮至剩2杯湯。盛盤後用銀杏、松仁和水芹葉做點綴。

牛排骨

2 3, 4 6 7

烤排骨

排骨1kg、大蔥1根、松仁碎2大匙

肉醬汁 醬油4大匙、白糖2大匙、蔥花3大匙、
蒜末1½大匙、芝麻鹽1½大匙、香油1½大匙、
胡椒粉少許、梨汁4大匙（梨¼個，80g）

準備

1 排骨切成6～7㎝長塊，清除脂肪。

2 在排骨的一面劃刀口，邊轉圈邊剝離肉與骨
  頭，在骨肉相連部分打上花刀。

3 把肉醬汁材料全部拌勻，再用鋼板擦出梨汁
  後放入調料裡做成煨肉的調味料。

4 大蔥切成5個長3㎝的蔥段後穿成串。

做法

5 在加工好的排骨上澆勻調味料，把排骨一個
  個捲起來，醃漬1個小時。

6 用熱鍋、烤箱或炭火直接烤排骨。一面差不
  多熟了就翻面繼續烤，剩下的調味料在烤製
  的過程中抹到排骨上。

7 大蔥放入烤過排骨的鍋裡，邊抹調味料邊烤
  熟。

8 把烤排骨與大蔥盛入盤中，並撒上松仁碎。

煨肉調味料　　　　　2

5

攝入五氣與五味

電視劇《大長今》中大王大妃壽宴拍攝場。

宮廷宴會中用的肉類不僅有雞、山雞、羊、牛肉等,還有各種魚類、乾海參或鮑魚等海鮮,種類非常繁多。其中用得最多的就是牛肉。

宮廷宴會的主菜葷菜

在宮廷宴會中肉餚是非常重要的菜品。1887年舉辦大王大妃八旬壽宴時,大膳和小膳全部都是葷菜。大膳有豬肉片和烤雞,小膳有牛肉片和羊肉片,盡量做到肉的種類多樣且不重複。宴會中間跟酒一起端上的食塔桌上有用雞肉、羊肉、牛肉或鮮魚做的湯或蒸餾,以及美味的生魚片或餃子等下酒菜。

牛除了肉以外,其他部位也均可烹製成美食,用牛肉烹製的食物種類非常多樣,包括燉、燒烤、牛蹄凍、肉片等。古代的肉質不像現在這麼柔軟,非常韌硬且難熟,所以把肉煮得恰到好處至關重要。牛的多個部位中最美味的當屬排骨,通常是用調味醬煨好後做燉菜。

宮廷美食中應用的五色

宮廷美食中為了色彩搭配和裝盤效果,會用配料呈現出五方色,此時會善用食材原有的顏色。白色主要用蛋白煎蛋,去皮的炒白芝麻,以及蔥白。黃色主要用蛋黃煎蛋。綠色主要用水芹、香蔥、西葫蘆、黃瓜等蔬菜。紅色主要用辣椒絲、紅辣椒、紅棗等。黑色用石耳蘑、香菇、木耳等。

重現了《丁亥進饌儀軌》(1887)上記錄的進御小膳和進御大膳。在宮廷宴會中一般擺上食塔桌,但為主人翁和客人準備的佳餚,則都像現代的西餐一樣按一定順序端上桌。

美食中的陰陽五行

　　五方定色論以中國的陰陽五行思想為
基礎，把方位、事物、季節等與綠、赤、
黃、白、黑等五種顏色對應。陰陽五行在以
中國為中心的東方文化圈中成為了解宇宙和
思想體系的中心原理。陰陽五行認為陰陽生
火、水、木、金、土等五種元素。與五行相
應的就是五色。

　　陰陽五行思想與五方正色論和漢字，
歷經三國時代一直流傳到統一新羅時期，自
此五方色逐漸成為韓國人的基本色彩觀念。

　　在韓餐中，酸、苦、甜、辣、鹹等五
味同樣與五行原理相連在一起，人們認為具
備五色與五味的食物才是最理想的美食。當
代醫學的集大成者許浚的醫學百科全書《東
醫寶鑑》（1613）也充分反應了這樣的理
念，認為「人食天之五氣與地之五味」。不

用做五色配料的食材。

僅如此，五味也對人類的五臟六腑產生生理
和病理的影響。五味不均衡就會損傷五臟，
引起陰陽失衡，進而使人體生病，對生命也
會產生影響，所以調節五味是健康長壽的根
本條件。

五色五味與健康

五行	木	火	土	金	水
五色	綠	紅	黃	白	黑
五味	酸	苦	甜	辣	鹹
五時	春	夏	晚夏	秋	冬
人體機能	肝、膽、眼、肌肉	心臟、小腸、血液、舌頭	脾臟、腸胃、嘴	肺、大腸、鼻	腎臟、膀胱、耳朵、骨骼
	有助於肝功能，具有出色的解毒功能	有助於清理血管，對心臟健康有益	有助於消化	有助於維護肺與支氣管的健康	有助於增進掌管成長、發育和生殖系統

香甜的
一口美食

茶食與藥果

"
　　《大長今》中不斷出現賞心悅目、豐盛無比的宴會
場面，不僅有能夠填飽肚子的美味佳餚，還有香甜可口
的宮廷點心。最高尚宮查看用於宮廷宴會年糕塔上的人
參蜜餞，考慮到颱風會使香氣發散，尚宮吩咐晚點再放
上蜜餞。今英為自己朝思暮想的心上人閔政浩染紅葫蘆
乾，還用糖稀和蓮藕做蜜餞。而長今特為比賽，用心製
作了母親過世前品嘗過的甜點樹莓蜜餞，以表達對國家
和王的赤誠之心。**"**

與茶相配的茶食｜茶食與藥果

　　藥果屬於蜜油餅的一種，是韓國的各種宴會及儀式中必不可少的美食。用蜂蜜和香油來
和麵，然後用樹葉或鮮花形狀的模子做造型，再用植物油煎成餅。含蜂蜜的美食名稱一般都
帶有「藥」字，所以這種點心被稱為「藥果」。

　　茶食是把大米、栗子、大豆等穀物磨成細粉後，添加有色粉或汁液，用蜂蜜或糖稀和
好，再用印有文字或紋樣的茶食模具做造型的點心。

四色茶食 綠色豆子、麵粉、松花、太白粉茶食

材料

太白粉茶食 太白粉1杯（130g）、五味子濃液1大匙、糖粉4大匙（35g）、蜂蜜2大匙（40g）、食用油1大匙

麵粉茶食 麵粉（炒的）1杯（110g）、蜂蜜5大匙(100g)

綠色豆子茶食 綠色豆粉1杯（70g）、蜂蜜4大匙(80g)

松花茶食 松花粉1杯（35g）、食鹽¼小匙、蜂蜜5大匙（100g）

準備

1 把太白粉和五味子濃液一起拌勻，然後用細篩子篩好，再加入糖粉和適量蜂蜜拌勻。

2 綠色豆粉與炒麵粉裡加入適量蜂蜜，用匙子攪勻，使其混合成團。

3 在松花粉中加入適量食鹽與蜂蜜，用筷子攪一攪，形成小顆粒後用手和麵。

做法

4 在茶食板上抹上一層薄薄的食用油，然後揪出適量麵糰，再用模子做出造型。

• **製作綠色豆麵** 把1杯（160g）綠色豆子洗淨後蒸10分鐘，然後再炒一下，炒的時候注意不要炒糊。放出熱氣之後捻掉皮，放入½小匙食鹽，用粉碎機粉碎，再用細篩子篩好備用。

• **製作炒麵粉** 把麵粉放入乾鍋裡，邊攪邊炒15分鐘，顏色變黃後用細篩篩好備用。

• **製作五味子濃液** 把4大匙（30g）五味子和4大匙清水混合在一起，熬製2個小時之後用棉布過濾備用。

• **製作糖粉** 把½杯（85g）白糖和2大匙（20g）太白粉放入粉碎機裡粉碎，然後用細篩子篩好備用。

• **松花** 松花粉是松樹的花粉，可以為糕點、韓果、飲料上黃顏色。春季松樹會開黃色的松花，在大容器裡放點水，然後輕輕抖動松花，這樣就能看到松花粉飄在水面上。把這些花粉撈出來晾乾，做茶食或飲料的時候就可以拿來用了。松花粉來之不易，是非常珍貴的食材。松花粉富含蛋白質、糖、礦物質和維生素C。

材料　1　1　2　4

藥果

材料

麵粉（中力粉）200g、食鹽½小匙、胡椒粉
⅓小匙、香油3½大匙、食用油（油炸用）6杯
（1200㎖）
和麵用糖稀 蜂蜜3大匙、燒酒3½大匙
糖漿 糖稀580g、清水⅔杯、生薑20g
點綴 松仁粉

準備

1 麵粉裡加入食鹽、胡椒粉和香油，拌勻後用
　篩子篩好備用。

2 把適量蜂蜜與燒酒拌勻，做成和麵用糖稀。

3 鍋裡放入糖稀、清水和切成薄片的生薑，用
　中火燒5分鐘做成糖漿。

做法

4 把和麵用糖稀放入抹香油的麵粉裡，然後稍
　微攪拌一下，攪到看不到乾麵粉即可。此時
　如果攪拌太久，就會讓麵粉變得太有韌勁，
　做出來的餅乾會變硬。

5 把一塊麵糰擀成2cm厚片，切一半疊起來再
　擀一下，這樣重複擀2～3次。

6 把麵糰擀成0.8cm厚片，切成3.5～4cm，然後
　劃一些刀口，或用叉子扎幾下，這樣麵片會
　更易熟。

7 90～100℃熱的油裡放入備好的藥果麵片，
　油炸到浮出表面。如果顏色發白，就把油溫
　調到140～160℃高溫，一邊翻面一邊炸成褐
　色後放在網架上瀝油。

8 把油炸的藥果在糖漿裡浸20分鐘，然後撈
　出，上面撒上松仁粉。

1

5

6

7

7

從蜜油餅到江米塊，形形色色的宮廷點心

擺食塔桌的時候，會把各種茶食、三色軟絲果、各種江米塊疊成圓筒狀。此時要注意各種紋樣的呈現，以便從哪一角度都能看到層次分明的疊放效果。可見擺食塔是需要高超手藝的技術。

賞心悅目的餅乾高排床

宮廷舉辦宴會時會把多種食物疊得很高，這種華麗的宴會桌叫做「高排床」。高排床上的食塔，一般用平盤盛好各種糕點、餅乾、水果和其他食物後疊放成圓筒狀。當時人們認為疊得越高越好。宮廷宴會的食塔需要非常精巧的手藝，所以有專門的熟手來負責此事。疊放的時候，要完美呈現出祝、福、壽等字樣，同時要考慮色彩搭配與左右對稱，或者螺旋形的造型等多種因素。宮廷宴會的食塔一般不會拆掉，而是直接賜給文武百官，這也是宮廷美食逐漸傳播到民間的一大契機。

每逢正月、端午、中秋、冬至等節日，或者王室與宗親的壽辰、官禮、家禮等時，宮廷都會舉辦大大小小的宴會，此時點心類是必不可少的主要饌品。

高宗二十五年（1887）宮廷舉辦了神貞王后趙大妃的八旬壽宴，萬慶殿進饌儀軌中詳細羅列了宮廷宴會點心種類。當時共有十六種點心，餅乾類包括大藥果、茶食、餃子餅、各色茶食、棗卵、栗卵、薑卵、煎藥、唐餅、熟實果、各色蜜餞、各色糖、三色梅花江米塊、三色細乾飯江米塊、五色江米塊、四色冰絲果、三色軟絲果、雙色細乾飯軟絲果、四色甘絲果、三色韓果、雙色細乾飯蓼花果等多達五十多種，分成十六個盤碟疊放成高高的食塔。

逐漸發展成配茶吃的茶食

在崇尚佛教的新羅與高麗時期，韓國飲食文化中的點心類原本是佛教儀式的祭品。後來隨著茶文化的盛行，逐漸演變成配茶吃的茶食。在統一新羅時期與高麗時期佛

電視劇《大長今》裡出現的高排床韓果。

教宣揚勿殺生戒律，所以嚴禁魚類或肉類出現在燃燈會和八關會等佛教活動，蜜油餅就作為替代這些葷食的祭享食物，有著舉足輕重的價值。

直到朝鮮時期，蜜油餅、糯米油果、茶食、江米塊等點心類仍然是宮廷宴饗及婚禮、花甲宴、回婚宴、祭禮等主要儀式必備的食物，平常也作為喜好食品廣為流傳。除此之外，像櫻桃片、杏肉片等春夏季水果加上太白粉做成的凍狀果片，用秋季新糧食製作的松糕，用時令水果製作的熟實果等應季點心也經常出現在人們的生活中。

豐富多樣的韓果

油蜜果 油蜜果的主要材料是麵粉，加入蜂蜜及油和好麵後油炸，然後用糖漿或蜂蜜浸一下再撈出。油蜜果中最具代表性的是藥果，其特點是用香油和麵。油蜜果用低溫油炸，使之充分吸收油分，所以熱量非常高，不過正因為油分與糖漿層層深入，因此口感俱佳。

油果 在糯米粉裡加入酒、白糖、豆汁和成團，之後蒸熟。出鍋後甩打多次並晾乾，最後油炸。根據形狀分為糯米油蜜果、軟絲果、江米塊等。

茶食 穀物粉裡加入蜂蜜或糖漿和成團，然後用模子做成各種茶食。茶食根據食材分為豆子茶點、松花茶食、栗子茶食、黑芝麻茶食等。茶食模子的裡側一般陰刻有「卍」字樣或花朵紋樣。

蜜餞 蜜餞是把植物的果實或根莖，直接用蜂蜜或糖稀浸漬的美食。比較有代表性的蜜餞有蓮藕、水參、桔梗、生薑、竹筍、冬瓜子等。

果片 在酸甜果汁裡加入太白粉後做成凍狀，這樣就會變成帶有水果顏色的果凍狀甜點。過去一般在櫻桃和杏成熟的初夏時節多吃。

熟實果 煮熟果實後碾碎，然後放入蜂蜜做成甜點。栗卵是用栗子做的，而棗卵則是用大棗做的甜點。

傳統江米塊 用糖漿或糖稀把堅果類或穀物拌勻，然後放置一段時間。稍微變硬後切成小塊即可。黑芝麻、野芝麻、芝麻、豆子、花生、核桃等堅果富含營養素，所以傳統江米塊一般都在寒冷冬季常吃。

生津解渴的
美食

柚子果茶與南瓜片

❝ 韓尚宮把冒冒失失的長今叫到住處,並不停地讓長今去端水。無論長今打涼水,還是打熱水,即使再加一片柳葉,韓尚宮都說做錯了。其實韓尚宮是想通過此事告訴長今,即使區區一杯水,也要考慮到喝水者的身體情況。多年後,長今和今英為了角逐最高尚宮而展開競賽,今英準備的飯後甜點是柚子果茶,而長今則準備了梨水正果。從這裡就能看出,即使只是餐後飲品,長今也沒有半點疏忽,始終深思熟慮、認真對待。❞

時令餐後甜點 | 柚子果茶與南瓜片

　　把切成絲的柚子皮和梨放進加入白糖的柚子汁裡,再用石榴粒和松仁做妝點。柚子果茶是酸酸甜甜的爽口飲品,直到如今都是備受歡迎的傳統飲料。果茶是果汁裡添加蜂蜜或白糖,再用水果或花瓣做點綴的冰飲。春天常喝五味子汁加杜鵑花瓣的杜鵑果茶或櫻桃汁加櫻桃的櫻桃果茶,夏季常喝玫瑰果茶、桃子果茶或大麥做的麥水團,秋季多喝紅果或柚子果茶,冬季則多吃放有多色瓊團的元宵餅等。可見,果茶也可以根據不同季節做成賞心悅目的時令美食。

柚子果茶

材料
柚子1個、梨½個（300g）、石榴粒2大匙、松仁1大匙、白糖4大匙
果茶湯 清水5杯（1ℓ）、白糖1杯（170g）

準備
1 柚子4等份後分離果肉與果皮。
2 柚子果肉一片片掰開，去掉果核後分成2～3等份，然後放入果茶容器裡撒上白糖。
3 柚子皮分離內側的白色部分和黃色部分，然後切成0.1cm後的細絲。
4 梨削皮後切成細絲，石榴掰開後取粒備用。
5 在5杯清水裡放入一杯白糖攪勻，白糖全部融化即成果茶湯。

做法
6 用糖浸好的柚子果肉上分別放柚子絲與梨絲，中間放石榴粒。
7 倒入果茶湯後蓋上蓋子，放入冰箱冷藏庫冰鎮1個小時，以便沁出柚子香來。喝的時候放一些松仁做點綴。

柚子

石榴

2

3

4

6

梨熟

材料

生薑50g、清水10杯（2ℓ）、梨1個（320g）、整粒胡椒2小匙、白糖⅔杯（120g）、松仁1大匙

準備

1 生薑削皮後洗淨，並切成薄片。然後放入開水中約煮30分鐘。

2 梨削皮後用大型鮮花模子做造型，並在中間嵌入一整粒胡椒。

做法

3 在過濾好的生薑水裡添加白糖和備好的梨，用微火煮約20分鐘，煮到梨的果肉變透明。

4 放涼後盛入容器中，並用松仁做點綴。梨熟涼熱皆宜。

───────

• 如果沒有鮮花形狀的模子，則可以根據梨的大小分成6～8等份，去掉梨核，削皮後稍微修飾邊角，然後每塊梨肉裡深深嵌入3個胡椒粒即可。

五味子甜茶

材料

五味子½杯（45g）、清水6杯（1200㎖）、白糖1杯（170g）、食鹽¼小匙、梨¼個（80g）、松仁1小匙

準備

1 五味子洗淨後加入4杯（800㎖）清水，放置一天，使五味子沁出香味來。然後用棉布過濾做成五味子原液。

做法

2 在五味子原液中加入2杯（400㎖）水，稀釋後加入白糖攪勻。

3 梨切成薄片後，刻成花形，或切成2～3cm長的細絲。

4 把梨放入果茶容器中，添加五味子湯，並用松仁做點綴。

───────

• 沒有梨時可以用香瓜等白色果肉代替。

• 五味子具有酸甜苦辣鹹五種味道。泡過五味子的水呈紅色，五味子用涼水泡開後再用棉布過濾即可得到五味子原液。五味子不能用水煮或用熱水泡，會非常酸澀，一定要用涼水泡。五味子原液可作為果茶的基本飲料，做糕點時可以為糕片上色，還可以作為五味子片或五味子茶食的主要食材。

2

3

1

2

梨熟

五味子甜茶

宮廷飲品類

　　用水果做的果茶和水正果是宴會的重要饌品。在宮廷宴會中最常見的飲品有以梨、石榴、柚子、杜仲等果實為主要食材的果茶，以及以五味子湯與太白粉麵條為主要食材的水麵和清麵，還有以米糕或大麥為料的水團等。果汁經常做果茶的湯料用，但最常用的還是酸酸甜甜的五味子湯。

　　水正果也是不亞於果茶的宮廷飲品，通常認為水正果是用生薑和桂皮熬製成湯後加上蜂蜜或白糖，然後加入柿餅的飲料，但實際上梨熟、柚子果茶、五味子甜茶等均屬於水正果。

南瓜片

材料

大米5杯（800g）、食鹽1大匙、清水½杯、清水5大匙、白糖10大匙、老南瓜1kg、白糖½杯（85g）

豆蓉 去皮紅豆蓉6杯（600g）〔去皮紅豆蓉1½杯（240g）、食鹽1小匙〕

準備

1 大米洗淨後用清水泡5個小時以上，再用瀝水籃瀝水30分鐘，隨後放入食鹽磨成細粉，並用篩子篩好備用。（5杯大米可磨成10杯米粉。）

2 紅豆洗淨後用涼水泡1個小時，然後用手掌搓掉皮，用適量清水沖掉浮上水面的紅豆皮。在籠屜裡鋪上棉布，把去皮的白色豆子蒸40分鐘。蒸好的豆子裡放入1小匙食鹽，然後放進篩子裡用匙子碾壓過篩，做成細膩的豆蓉。〔1½杯（240g）去皮紅豆可以做成6杯豆蓉。〕

3 清除老南瓜的皮和籽後切成5～6cm寬、0.5cm厚的薄片，然後撒點白糖備用。

做法

4 米粉裡倒入5大匙清水拌勻，過篩後撒點白糖備用。

5 取6杯米粉和南瓜攪勻，其他（4杯）的米粉留下備用。

6 把豆蓉（3杯）均勻地平鋪在籠屜裡，然後從留下的米粉中取一半（2杯）平鋪在其上，再把南瓜與米粉的混合物（米粉6杯+南瓜）平鋪在上面，最後把剩下的米粉（2杯）鋪好後撒豆蓉（3杯）。

7 把籠屜放在已蒸熱的鍋上，蓋上蓋子用中火蒸25分鐘，再調成微火蒸5分鐘。

• 可以用甜南瓜代替老南瓜。

老南瓜

2

3

4

5

6

恭敬與食物賞賜

〈落南軒養老宴圖〉（1795）畫的是正祖設宴款待很多老人的情景。

耆老所

朝鮮時期非常崇尚儒教，「孝」是其中最為重要的德行。當時整個社會都奉行恭敬老人，善待老人的準則。為了使孝義和儒教更加深入人心，朝鮮推出了多種耆老政策。

「耆老」是指老年人，其中耆字代表六十歲以上的老人。早在朝鮮時期以前，耆老已被用作謝官養老者的指稱。朝鮮初期的耆老會由不再掌管實務的退休官僚所組成，但仍具有可與宗親和在職大小臣僚們比肩的

政治地位，相當於由政界元老組成的決策機構。但是後來更名為耆老所之後，逐漸演變成款待國老們的宴會籌辦機構。

耆老所的職能是每年三月分和九月分主辦耆老宴，耆老宴是一種王恩賜的敬老活動。耆老宴的坐席排位標準並非是按官職，而是按年齡排位。設宴當天，王還會給國老們餽贈珍品。

要想進耆老所，就得具備二品以上文官出身資格。可見加入耆老所和出席耆老宴在當時是極其榮耀的事情。歷史上甚至還出現過年邁的王加入耆老所的情況。

養老宴

如果說耆老宴是針對退休官僚的盛宴，那麼世宗十四年開始舉辦的養老宴則是不分貧富貴賤的養老盛宴。從君臣到普通百姓，任何人的父母均可以接受宴會邀請，是一種定期舉辦的制度化的宴會。

除非有災情或發生戰爭，否則國家會定期舉辦養老宴。老人們分男女參加外宴或內宴。外宴和內宴分別由王和中宮主管，在地方舉辦的鄉中養老宴則由相應的縣令主管。

養老宴始於世宗在位時期，成宗在位期間舉辦次數最多，共設宴十八次。壬辰倭亂和丙子胡亂之後舉辦次數大幅減少。

根據《園幸乙卯整理儀軌》（1795）的饌品部分記載，無論是出席養老宴的老人，還是王的宴席，均由相同的四種食物所構成，可見當時全社會對老人的恭敬程度何其高。宴會菜餚有豆腐湯、肉片、蒸黑豆、絲果等，這些美食不僅富有營養，而且便於老人食用。

在弘揚儒教思想的朝鮮王朝時期，養老宴是王領樹立敬老美德之模範的重要活動，所以對老一輩的人關懷備至。世宗十四年舉辦首次養老宴之後，在籌備第二次養老宴的過程中，世宗下令讓老人免禮，從而關照行動不便的老人。世宗十七年則下令，不分貧富貴賤均允許偕扶持老人的婢子同行。即使是到身分制度非常嚴明的朝鮮時期，也會貴賤不分地賜給老人官職，這些官職雖然沒有俸祿，但是可以有效提高老人的社會名譽，不僅是庶民、甚至連賤民都有被封官職的紀錄。到了世祖在位時期幾乎年年定期舉辦養老宴，還會給出席養老宴的老人冊封官職。宴饗結束之後，允許出席者打包帶走吃剩的食物。還會賞賜魚肉、土布、棉布、扇子等。發生天災地震或因下雨無法設宴時，會賞賜給老人酒和肉。

宮廷美食與水果

為宗廟上貢時令物品或新的進貢物品叫做「薦新」，其中水果是一年中最重要的薦新物品之一。不同月分會有不同的薦新水果，二月分是青桔，五月分是櫻桃和杏，六月分是香瓜和西瓜，七月分是李子、梨和松子，八月分是榛子、栗子、銀杏、棗、軟柿子和沙果，九月分是棉桃、山葡萄和榧子，十月分是柚子和金桔，十二月分是柑橘、乳柑、洞庭橘、唐柚子、山橘、石榴等水果。

宮廷宴會裡主要出現梨、橘子、柚子、栗子、石榴等鮮果和大棗、黃栗、松子、核桃、柿餅等乾果。時而還能見到荔枝或龍眼等來自中國的水果。

宮廷宴會結束後，唐柚子、生栗子、山橘、柿餅、柚子、蜜桔等水果和乾果會賞賜給下臣們。在朝鮮時期，柑橘產地僅限韓半島南部與濟州島。物以稀為貴，所以當時柑橘還曾是賄賂物品之一。成均館儒生們甚至為了得到王賞賜的柑橘，不惜展開爭鬥。

4 宮廷飲食，
是如何傳承下來？

通過宮廷廚師「熟手」，
朝鮮王朝末代王族和宮女
在樂善齋的生活宮廷飲食
於王朝滅亡以後得到了延
續。

對長今的
養育之恩

豆腐膳、黃瓜膳、魚膳

> 韓尚宮用魚脯包起餃子餡兒，做成魚餃子，然後放到蒸鍋裡。再將豆腐用篩子篩過，將雞肉剁碎，做成豆腐膳，並且將豆腐膳做成漂亮的豆腐餅的形狀，撒上石耳和雞蛋絲做調料。韓尚宮在做這些的時候，眼神一如既往地沉靜。韓尚宮對待冒冒失失的小長今，有時嚴厲，有時慈愛。長今小小年紀就失去母親，來到宮廷之中，而韓尚宮就像是她的母親。韓尚宮的角色是根據韓國第三十八號重要無形文化遺產朝鮮王朝宮廷飲食第一位技能保有者韓熙順尚宮設定的。

色彩漂亮，味道絕佳的前菜 | 三色膳

三色膳以豆腐、黃瓜、魚等三種材料為主材料，再以五色調料點綴，做出微酸微辣的味道，並切成方便食用的形狀，盛到盤子裡。這是第一道擺到桌上的菜餚，當用很多食物招待客人的時候，會作為前菜出場，左右著人們對菜品的第一印象。豆腐膳的做法是：在碾碎的豆腐裡，加上剁碎的雞肉，醃漬之後將它做成平整的餅狀，撒上五色調料，放到蒸鍋裡蒸熟，配上芥子醬食用。黃瓜膳的做法是：將黃瓜切成小塊，中間填上五色調料，再澆上甜醋水，散發出一種清爽的味道。魚膳的做法是：將白肉魚切成大薄片，放上牛肉和菇類做餡，包起來之後放到蒸鍋裡蒸好，食用時蘸加醋辣醬。

豆腐膳、黃瓜膳、魚膳（從右上方按照順時針方向排列）

豆腐膳

材料

豆腐1塊（600g）、雞肉100g、香菇1朵（中等大小，5g）

調料 石耳1片、雞蛋1個、松子1小匙、紅辣椒½條、鹽½小匙、食用油

醃料醬 鹽1小匙、醬油1小匙、白糖1小匙、蔥末2小匙、蒜末1小匙、薑汁½小匙、香油1小匙、芝麻鹽1小匙、胡椒粉少許

芥子醬 芥末〔芥末粉2大匙（10g）、水1大匙〕、醋½大匙、白糖½大匙、醬油½小匙、鹽½小匙、水½大匙

準備

1 將豆腐放在菜板上，把刀放平從邊上挨著將豆腐壓碎，然後包到棉布中擠掉水分。

2 將雞肉剁碎，將香菇放到涼水中泡發2小時，去掉香菇柄，擠乾水分後剁碎。

3 將石耳放到熱水中泡發5分鐘，揉搓乾淨以後切絲。

4 將雞蛋蛋清、蛋黃分離，各加入¼小匙鹽，在燒熱的平底鍋裡抹上食用油，用文火煎蛋，煎好後各切成2cm長的細絲。

5 將紅辣椒對切去籽後，切成2cm長的斜片，將松子縱向切成兩半。

6 將各種醃料醬材料和在一起。

做法

7 在碾碎的豆腐裡加入雞肉、香菇，和醃料醬拌勻後，鋪開打濕的棉布，放上醃漬好的豆腐，將豆腐均勻地鋪成1cm厚的片狀。

8 將準備好的調料均勻地灑在豆腐片上，蓋上打濕的棉布，稍微按壓一下。

9 待蒸鍋裡開始冒熱氣的時候，將豆腐放到裡面蒸10分鐘左右，蒸好後晾一會兒，然後切成正方形，方便食用。

———————

• 淋上的芥子醬製作方法參考第152頁。

材料

3, 4, 5

7

9

黃瓜膳

材料

黃瓜2根（400g，直徑2～3cm）、鹽水（鹽1大匙、水½杯）、牛肉（牛臀肉）50g、香菇1朵（中等大小、5g）、雞蛋1個、紅辣椒½個、食用油½小匙、鹽½小匙

醃肉料 醬油½大匙、白糖1小匙、蔥末1小匙、蒜末½小匙、香油½小匙、芝麻鹽½小匙、胡椒粉少許

甜醋水 醋3大匙、水2大匙、白糖2大匙、鹽1小匙

準備

1 用鹽搓一下黃瓜，洗乾淨之後，將黃瓜縱向切成兩半，然後將帶皮的一面朝上，以1cm的間隔用斜刀切3下但不要切斷，在切第4刀的時候切斷，這樣就形成了4cm寬的黃瓜塊，將所有黃瓜按照這個標準切完之後，放到鹽水中醃漬20分鐘。

2 將牛肉切成3cm的細條，將香菇放到涼水中泡發2個小時，切成細絲，然後將牛肉和香菇用醃肉料拌在一起。

3 將雞蛋的蛋清、蛋黃分離，各加入¼小匙鹽，攪拌均勻以後，在燒熱的平底鍋裡抹上一層薄薄的食用油，用文火煎蛋。

做法

4 待黃瓜醃好以後，包在棉布裡，用力將黃瓜中的水分擠乾淨，將平底鍋燒熱以後，抹上½小匙的食用油，用大火將醃好的黃瓜盡快炒好，放涼。

5 將醃漬好的牛肉和香菇用中火炒熟。

6 將煎好的蛋黃、蛋白分別切成2cm長的細絲，將紅辣椒切成兩半，去掉籽，斜切成2cm長的細絲。

7 黃瓜放涼以後，在刀切過的地方按照順序分別放上白色雞蛋絲、黃色雞蛋絲和炒好的牛肉和香菇。在白色雞蛋絲中間放上一撮紅辣椒絲。

8 將甜醋水做好以後放涼，將菜餚美觀地擺放到盤中，上桌之前倒上甜醋水即可。

材料

1

1

4

7

魚膳

材料

白魚肉（鱈魚肉）200g、雞蛋2個、太白粉3
大匙、食用油和鹽適量

魚肉醃料 鹽1小匙、清酒1小匙、薑汁½小匙、
白胡椒粉少許

餡兒 牛肉（剁碎的）50g、香菇1朵（中等大
小、5g）、黃瓜2段（4cm、100g）、胡蘿蔔1段
（4cm、50g）

醃肉料 醬油½大匙、白糖1小匙、蔥末1小匙、
蒜末½小匙、香油½小匙、芝麻鹽½小匙、胡
椒粉少許

加醋辣醬 辣椒醬1大匙、醋1大匙、白糖½大
匙、薑汁½小匙、水1大匙

準備

1 將魚肉盡量片成大薄片，將刀放平拍打魚
 肉，讓魚肉的厚度盡量均勻，倒上魚肉醃料
 醃漬。

2 將香菇在水中泡發1小時左右，去掉香菇
 柄，擠乾水分，切成細絲，和剁碎的牛肉和
 在一起。

3 將黃瓜4cm長的小塊，再切成0.2cm的細絲，
 放鹽醃漬5分鐘以後去掉水分。

4 將2份雞蛋黃和1份雞蛋清和在一起，加入⅓
 小匙鹽之後攪拌均勻，將正方形的平底鍋加
 熱以後抹上一層薄薄的油，用文火煎成0.2cm
 厚的雞蛋餅。

做法

5 牛肉和香菇裡攪拌上醃肉料，用中火炒熟之
 後放涼。

6 在平底鍋中抹上食用油，用大火將胡蘿蔔和
 黃瓜炒好後放涼。

7 將雞蛋餅縱向放在竹簾上，均勻地撒上薄薄
 的一層太白粉，然後在上面滿滿地擺放上魚
 肉，但要注意在雞蛋餅邊緣留出3cm左右的
 空隙。

8 將炒好的肉、香菇、胡蘿蔔、黃瓜橫向擺好
 之後，緊緊捲好，最後抹上太白粉水，以使
 其不散開。

9 用打濕的棉布將竹簾整個包起來，將蒸鍋加
 熱至冒出熱氣後，放入蒸鍋裡蒸10分鐘左
 右。

10 將魚肉捲拿出來放涼，切成1.5cm的寬度，
 擺放到盤中，附帶上加醋辣醬。

材料

7

8

9

美味佳餚，「膳」

1 電視劇《大長今》裡韓尚宮正在御膳房烹飪豆腐膳和魚膳。
2《飲食知味方》裡記載的食物「冬瓜膳」。

古代文獻裡所記載的烹飪方法「膳」

「膳」的意思是美味佳餚，但作為一種烹飪方法，「膳」一般是指在南瓜、黃瓜、茄子、白菜等植物性食材裡，放上剁碎的牛肉等輔材料做餡，然後倒上醬湯煮熟，或放到蒸鍋裡蒸熟的一種烹飪方法。

但在朝鮮朝時期的古烹飪書裡面，也有一些既不填餡，也不用水蒸氣蒸的菜餚被稱為「膳」。歷史最悠久的韓文烹飪書籍《飲食知味方》（1670）裡，就記載了烹飪冬瓜膳的方法，書中描寫道：「將老冬瓜切成厚片，稍微汆燙一下，瀝乾水分。在醬油裡倒上一點油，稍煮一下，然後把冬瓜放到裡面醃漬，醃好以後把醬油倒掉，放上薑末，再放到新醬油裡醃漬，使用時倒上一點醋即可。」這裡完全沒有使用動物性的食材，也沒有像今天這樣使用蒸、煮的烹飪方法。直到十九世紀末，在烹飪書籍《是議全書》中才出現了一種類似於今天「膳」的烹飪方法，其中對南瓜膳烹飪方法的記載是：「將西葫蘆切成塊，把用各種佐料製成的餡兒塞到西葫蘆裡，蒸好。在醋醬裡加入白清（上好的蜂蜜），倒在櫛瓜上。再在櫛瓜上擺上辣椒絲、石耳絲、雞蛋絲，撒上松子粉即可。」二十世紀出版的烹飪書籍，如李用基的《朝鮮無雙新式料理製法》（1924）和趙慈鎬《朝鮮料理法》（1943）等，也將這種使用雞蛋、魚類、肉類等動物性食材的食物稱為「魚膳」「太極膳」「羊膳」，沿用了「膳」的稱謂。

宮廷飲食的實際傳承人韓熙順尚宮

在電視劇《大長今》裡，韓尚宮用她的慈愛溫暖地包容著小長今，但在烹飪食物方面，韓尚宮則是長今嚴格的師長。韓尚宮的原型就是韓熙順尚宮，她既是第三十八號韓國重要無形文化遺產，也是朝鮮王朝宮廷飲食第一位技能保有者。

1889年韓熙順尚宮出生在首爾，十三歲時進入德壽宮。她曾在景福宮中擔任御膳尚宮，1919年高宗逝世以後，曾在金谷陵為高宗守喪三年。韓熙順尚宮也曾侍奉過純宗，1931年至1965年侍奉過尹妃，作為朝鮮王朝最後一任廚房尚宮，她一直與王室同呼吸共命運。尹妃去世以後，1968年她回到私宅，於1972年去世，享年八十二歲。

後來，黃慧性（1920～2006）繼韓熙順尚宮之後成為宮廷飲食第二代技能保有者。1943年，二十三歲的黃慧性在淑明女專（現淑明女子大學）擔任助理教授，負責教授朝鮮料理，此時她感受到自己對朝鮮料理的知識還很不全面，便來到昌德宮樂善齋，拜訪當時正居住在那裡侍奉尹妃的韓熙順尚宮，請求她教給自己宮廷料理。以此為契機，韓熙順尚宮後來也曾到淑明女子大學教授宮廷飲食。當看到宮廷飲食隨著王朝的沒落處於消失危機之中時，黃慧性決定想辦法保存宮廷飲食，便搜集了許多關於宮廷飲食的資料，與韓熙順尚宮一同編纂了烹飪書籍《李朝宮廷料理通》。這是在朝鮮王朝沒落以後最早的宮廷飲食專著，裡面詳細地整理了舊韓末時各種宮廷飲食的製作方法，以及擺桌、器皿、用語等內容，不僅涉及日常飲食，更囊括了宴會飲食的烹飪方法和擺桌方法。

在當時人們的思想意識中，烹飪算不上是什麼專業領域，而黃慧性力圖打破當時的這種偏見，證明朝鮮王朝宮廷飲食也是一種極富價值的韓民族的傳統文化。終於，1971年「朝鮮王朝宮廷飲食」被列為第三十八號無形文化遺產，當時八十二歲高齡的韓熙順尚宮被尊奉為第一代保有者。第二年韓尚宮離世以後，黃慧性則被指定為第二代技能保有者，與此同時宮廷飲食專業教育機關「宮廷飲食研究院」成立，至今仍然在培育著許多傳承者。

1 韓熙順尚宮在製作神仙爐。
2 電視劇《大長今》裡韓尚宮的原型韓熙順尚宮。
3 《李朝宮廷料理通》的封面。

長今的
廚藝首秀

梨汁水蘿蔔泡菜冷麵

> 在王出宮打獵時，御膳房發生了一樁事故：正忙於準備御膳的三位尚宮誤食了單獨準備的海螺，而海螺裡有毒，她們全都中毒暈倒了。在這種無可奈何的情況下，剛剛晉升為正式宮女的長今和今英就接到了一項重大的任務：為剛剛結束狩獵、馬上回宮的王準備御膳。王傳口諭說不想吃米飯，想吃一碗涼爽的冷麵，於是長今急忙爬到山上，打來了所堂裡梅月堂的礦泉水，因為這裡的礦泉水特別清涼。然後她把礦泉水和水蘿蔔泡菜的湯混在一起，用梨汁和醋等調味，做成了冷麵。幸運的是王說冷麵中沒有異味，對此很滿足，長今也受到了極大的稱讚。

王的消夜 | 水蘿蔔冷麵

　　《大長今》裡出現的梨汁水蘿蔔冷麵就是如今人們常吃到的冷麵。冷麵的做法是：在用冬季蘿蔔醃漬的水蘿蔔泡菜的湯裡，混合上牛肉、雞肉湯，做成冷麵湯，然後煮好蕎麥冷麵，放上各種調料即可。據說高宗很喜歡把冷麵當消夜。現在我們一年四季都可以吃冷麵，但最初冷麵只在農曆十一月左右才吃。當時，每到冬天泡菜就會發酵得很好，泡菜湯的味道也很酸爽，平安道和黃海道北部的人們就在這泡菜湯裡加入麵條，製成冷麵之後，作為小吃食用。

梨汁水蘿蔔泡菜冷麵

梨汁水蘿蔔泡菜

梨汁水蘿蔔泡菜冷麵

牛肉（牛胸肉）300g、水15杯（3ℓ）、蔥50g、蒜5顆、胡椒子1小匙、芥子醬適量、蕎麥麵（冷麵用）300g、梨½個（300g）、黃瓜½條（100g）、鹽½小匙、水蘿蔔泡菜½個、細辣椒粉1小匙、雞蛋1個、松子2大匙
白糖水 水1杯、白糖2大匙
冷麵肉湯 水蘿蔔泡菜湯5杯（1ℓ）、牛肉湯5杯（1ℓ）、鹽1大匙、醋2大匙、白糖2大匙

準備

1 將牛肉在涼水中浸泡1小時去除血水，然後加入大蔥、蒜、胡椒子，放到沸水中煮1個小時，然後將肉撈出，包到打濕的棉布中，用重物按壓，製成肉片。將肉湯裡的油舀出，放涼。

2 將梨皮削掉，切成薄片，黃瓜縱向切成兩半之後再切成薄片，在裡面放上½小匙鹽醃漬，然後擠出水分。

3 將水蘿蔔泡菜裡的蘿蔔切成薄片，拌上細辣椒粉。

4 將雞蛋放到涼水中，然後加熱煮10分鐘左右，再放到涼水中冷卻之後，剝掉蛋殼切成兩半。

做法

5 在沸水中放入麵條煮一會兒，用剪刀剪開麵條，待麵條沒有硬心兒的時候撈出，放到冷水裡多次沖洗，分出1人吃的分量，捲成圓圓的一小把，放到篩子上。

6 將牛肉片切成薄薄的0.3cm。

7 將水蘿蔔泡菜湯和牛肉湯和在一起，用鹽、醋、白糖調味，做成冷麵肉湯，放到冰箱裡冰鎮。

8 將麵條盛放到碗中，將梨、水蘿蔔泡菜、黃瓜、肉片美觀地擺放到麵條上，再將水煮蛋和松子擺上。

9 將冷麵湯倒到冷麵中，直到覆過冷麵為止。

• 芥子醬的製作方法參考第152頁。

7

8

水蘿蔔泡菜

梨汁水蘿蔔泡菜

材料

水蘿蔔泡菜蘿蔔10個、粗鹽1½杯（240g）、梨3個、石榴½個、柚子2個、香蔥60g、松子80g、粗鹽2大匙、刺海松（乾的）10g、蔥1根（100g）、熟辣椒5條、蒜50g、薑50g

水蘿蔔水 粗鹽1杯（160g）、水5ℓ（鹽度3%）

準備

1 選出用來製作水蘿蔔泡菜的蘿蔔，拔掉蘿蔔的鬚根，用刷子清洗乾淨，蘿蔔皮不必削掉。

2 將蘿蔔放到1½杯鹽中滾一下，然後在缸裡密集地擺滿，醃漬一夜。

3 將大蔥根部切掉，洗乾淨，與蒜、薑切成薄片。

4 將香蔥和松子順好，加入2大匙鹽，醃漬20分鐘，將2～3個捲起來捆到一起。將熟辣椒洗乾淨瀝乾水分。

5 將刺海松在水中泡發好，再用流水沖洗，瀝乾水分，切成短段。

6 將梨和柚子洗乾淨，去掉水分之後，用竹籤在梨和柚子的表皮上均勻地刺上小孔，以利泡菜水入味。

7 醃漬泡菜的鹽水應提前一天準備好。在細篩裡放上粗鹽（160g），放到盛水（5ℓ）的碗中，不停地攪動讓鹽融化。

做法

8 將切成薄片的蔥、薑、蒜放到袋子裡，把袋子放到缸底部（也可以是比較深的塑膠桶），將蘿蔔和輔材料交替著一層層地擺滿。

9 還要在中間放上梨和柚子，將石榴切成兩半，放到兩邊，最後將松子覆蓋到最上面，再用重物使勁按壓之後，倒入鹽水。
室溫條件下放置兩週左右，等它散發出發酵的味道之後，放到冰箱中保管。吃的時候將蘿蔔拿出，切成半月形，再將松子，蔥、辣椒切成細絲放上，再倒入泡菜水。

• 製作泡菜的蘿蔔要選擇個頭小、質地硬、表面光滑、蘿蔔秧新鮮的。

2　　4　　5

8　　9　　9

白泡菜

包泡菜

白菜蘿蔔泡菜

清淡、爽口的宮廷泡菜

　　朝鮮時期的宮廷之中，王所喜歡吃的泡菜和如今韓國人常吃的泡菜有很大的不同。現在人們在做泡菜時，一般用緊緻的包心白菜，而朝鮮朝時期的宮廷泡菜，則一般選擇白菜和蘿蔔的中間部分，將它們切平整，放上許多黃花魚醬和海鮮，做成白菜蘿蔔泡菜，十分清淡、爽口。此外，宮廷裡頗受歡迎的泡菜還有宮廷白菜泡菜、宮廷蘿蔔泡菜、水蘿蔔泡菜、包泡菜、醬泡菜等種類。醃漬宮廷白菜泡菜時要放上很多蝦醬和黃花魚醬；醃漬宮廷蘿蔔泡菜時要加入很多白菜心和蜂蜜；醃漬水蘿蔔泡菜時要加入蘿蔔、梨、柚子，以釀造出涼爽的泡菜湯的味道；包泡菜和白菜蘿蔔泡菜有些類似，是用白菜葉子將佐料包起來做成的；醬泡菜也是一種帶湯泡菜，是用十年以上的醬油醃漬而成的。

宮廷醃漬越冬泡菜的風俗

　　舊韓末宮中在醃漬越冬泡菜時，廚房尚宮人手不夠，往往還要發動針房尚宮和繡房尚宮，歷經數天才能醃漬完畢。宮中在馬場洞、往十里、蓮建洞等處指定了菜園，讓菜園的管理者選擇上好的白菜進貢，但由於數量龐大，僅收拾這些白菜就需要一天的時間。而洗淨、醃漬、準備佐料也需要很多天，因此，整個醃漬泡菜的工作大概需要十多天的時間。

蘿蔔泡菜

醬泡菜

宮廷白菜泡菜

出現在宮廷宴會上的冷麵

1 電視劇《大長今》裡，御膳房為結束狩獵的中宗和大臣們準備了冷麵。
2《大射禮圖》（1734），國王和大臣聚在一起舉行射箭的儀式。

檢閱軍事訓練的宮廷狩獵

朝鮮時期重大的國家禮儀有五種，即「五禮」，包括吉禮、嘉禮、賓禮、軍禮、凶禮等，而「講武」則隸屬於「軍禮」。除軍禮以外的四種禮儀，相當於民間「冠婚喪祭」等風俗。所謂的「軍禮」指的是和軍隊相關的一系列儀式，包括王親自射箭或是進行其他的武藝活動，參加閱軍等活動。

講武是王親自率領大君以下的諸位官員、將領、士兵，進行狩獵、鍛鍊武藝的一種儀式。講武時雖然要狩獵動物，但由於狩獵的最終目的是鍛鍊武藝，因此嚴禁殘酷狩獵。講武的原則是：對於成群結隊被追趕的動物，不趕盡殺絕；對已經中箭的動物，不再繼續射箭；不射擊動物的面部；不割掉動物的皮毛；對已經逃出狩獵範圍的動物，不再繼續追趕。

講武時俘獲的動物之中，個頭大、品質好的，要送到宗廟去祭祀，剩下的則會當場進行烹飪，為參加講武的官員舉行宴會，小動物則讓個人帶走。講武時一般還會帶著宮廷的樂師、樂工去助興。經常進行講武的狩獵場有京畿道廣州、楊州、利川和江原道的鐵原、平康、橫城等。

朝鮮王朝的諸位王之中，最喜歡狩獵的要數成宗和燕山君。兩位君王每次行獵都會大擺酒宴，欣賞詩歌、音樂和藝妓的表演，使得大臣們頻頻對這種娛樂是否過度表示擔憂。

朝鮮朝時期也備受歡迎的冷麵

朝鮮正祖時期的學者洪錫謨在1849年寫了一本《東國歲時記》，這裡面就描寫了一種食物，類似於今天韓國人常吃的冷麵，書中的記載是：「用蘿蔔泡菜和白菜泡菜拌蕎麥麵，再將豬肉切好放進去」，《東國歲時記》裡將這種食物稱為冷麵，並介紹說這種食物是在農曆十一月時食用的。1896年寫成的烹飪書籍《閨壼要覽》（延世大學本，作者不詳）裡面也有關於冷麵的記載：「在淡淡的蘿蔔泡菜湯裡和上蜂蜜，然後加入麵條拌好，再將豬肉煮好放到麵條裡，將梨、栗子、桃切成薄片放到麵條上，最後放上松子。」

冷麵還曾出現在宮廷宴會上。一般來說，宮廷宴會上主要使用熱呼呼的溫麵，但史書中也有兩次使用冷麵的記載。

憲宗十五年（1848），為了祝賀憲宗的祖母、純祖的王妃大王大妃純元王后六十歲生日，以及憲宗的母親王大妃神貞王后四十歲生日，曾在昌慶宮通明殿舉辦了一場宴會，《進饌儀軌》裡詳細記載了這一過程。根據儀軌的記載，宴會上曾經使用冷麵，這冷麵是用五把蕎麥麵、豬腿、牛胸骨肉、白菜泡菜、梨、松子等材料製作而成的。

高宗十一年（1873年），為了給高宗敬上尊號，宮廷中也舉辦了一場宴會，在記載這次宴會的《進爵儀軌》中也出現了冷麵。這次宴會中製作了冷麵，準備呈到大臣們的八仙桌上，這次冷麵使用了三十把蕎麥麵，用豬腿、梨、松子、辣醬麵等做了調料。

高宗的甜梨水蘿蔔泡菜冷麵味道一流

高宗特別喜歡吃麵，他經常以水蘿蔔泡菜冷麵為消夜，而在醃漬水蘿蔔泡菜時裡面放了很多梨。高宗不太吃辛辣的、鹹的食物，因此他喜歡吃的冷麵是這樣做成的：將冷麵盛到碗中，在上面鋪上一層梨，再在梨上面鋪上一層肉片，肉片呈十字形。除了梨、松子、肉片、雞蛋絲、黃瓜以外，不再放其他的調料。做調料的梨不是用刀切成絲狀，而是用匙子挖成薄薄的片狀，放上很多梨醃漬的水蘿蔔泡菜，湯的味道又清甜又爽口。由於水蘿蔔泡菜在醃漬時裡面放了生柚子，湯的味道很清香，再加上又放了石榴，湯的顏色也很漂亮。根據高宗的嬪妃三祝堂金氏的說法，冷麵盛在碗中的形態就像如下的照片中所呈現的一樣。

高宗喜歡吃的水蘿蔔泡菜冷麵，圖片上呈現的是在水蘿蔔泡菜冷麵上放調料的方法。先用匙子把梨挖成新月的形狀，在冷麵上鋪上一層這樣的梨片之後，再將肉片鋪在梨上，肉片要鋪成十字形。然後再放上松子、黃白雞蛋絲、黃瓜即可。

九折坂

與美食相伴的
男子「熟手」

> 當小長今失去母親，歷經各種苦楚，幾乎成為一個小乞丐的時候，是德久叔給了她一點食物。德久是釀酒的大師，也是一位廚師，每逢宮廷中有宴會，他都會被叫到宮中去。從準備宴會食物的第一個場景開始，就有以德久為首的廚師的身影，他們會將年糕堆得高高的，或是堆積糖果、茶食，還會用乾魚貝剪出小鳥或是花朵的形狀。
>
> 隨著朝鮮王朝的覆滅，他們不能繼續在宮廷裡工作了，於是在宮外的時尚飯館裡，向老百姓展示自己的手藝，普通人因此得以品嘗到宮廷飲食。後來宮廷飲食也逐漸地發生了一些變化，此時九折坂作為一種華麗、新奇的食物就出現在人們的視線裡。

享受奢華的食物│九折坂

九折坂是一種八角的木質器皿，分為九個格子。其中，邊上的八個格子裡各有一個木質器皿，圍繞著中間的一個格子。九折坂或上漆，或在上面畫上華麗的山水畫，鑲上螺鈿。打開九折坂的蓋子，我們會看到中間的格子裡放著雪白的煎餅，周圍環繞著八種顏色的菜餚，這些菜餚形成了一幅美麗的畫面，讓人忍不住發出讚歎之聲。在食用時，用中間薄薄的煎餅，捲上各色的菜餚，讓人感受到韓國風情的精髓。「9」這一數字意味著擁有一切、完美無缺，基於為王奉獻一切的意義，朝鮮王朝末期向王進獻的各種土特產，使用了「九合」這一表達方法，這和九折坂之間也不無聯繫。1930年代之前，在各種文獻記載裡還找不到九折坂這種烹飪方法，後來九折坂在《朝鮮料理法》《朝鮮料理學》《李朝宮廷料理通》等烹飪書籍裡面開始作為一種接待客人的食物登場，1960年代九折坂見諸於報端，作為一種宴會飲食介紹給了普通民眾，並得到了廣泛的傳播。

各色九折坂（各色薄餅捲）

材料

牛肉（牛臀肉）100g、香菇5朵（中等大小、25g）、黃瓜4段（4cm、200g）、鹽½小匙、胡蘿蔔2段（4cm、100g）、綠豆芽150g、石耳20g（泡發後50g）、雞蛋3個、食用油2小匙

肉類·香菇醃料 醬油1½大匙、白糖⅔大匙、蔥末2小匙、蒜末1小匙、香油2小匙、芝麻鹽2小匙、胡椒粉少許

胡蘿蔔、綠豆芽、木耳醃料 鹽½小匙、香油½小匙

薄餅麵 麵粉2杯（200g）、鹽1小匙、水2¼杯（450㎖）

各色食材 仙人掌粉⅓小匙、大齒山芹粉⅓小匙、木耳粉⅓小匙、栀子水½大匙（栀子1個、水3大匙）

芥子醬 芥末粉4大匙（20g）、水2大匙、醋1大匙、白糖1大匙、鹽1小匙、醬油1小匙、水1大匙

準備

1 按照紋理將牛肉切成長5cm的細條，將香菇放在涼水裡泡發2個小時，瀝乾水分，折掉香菇柄，先切成薄片，再切成細絲。

2 將黃瓜皮削掉，切成4cm長的小塊，然後將黃瓜切成細絲，再加入½小匙鹽醃漬，最後擠乾水分。

3 將胡蘿蔔切成4cm長的細絲，放到沸水中汆燙2分鐘，然後用冷水沖洗，再瀝乾水分。將綠豆芽的頭尾折掉，放到沸水中汆燙3分鐘，然後用冷水沖洗，瀝乾水分。

4 用熱水泡發石耳，不停地揉搓洗乾淨，將幾片石耳疊好捲在一起，切成細絲。

5 將雞蛋分成蛋清、蛋黃，各自加入¼小匙鹽，攪拌均勻，在燒熱的平底鍋裡抹上食用油，用文火煎一層薄薄的雞蛋餅。

6 製作肉和香菇的醃料。

7 在麵粉中加入鹽，再不停地往裡一點點地倒水，將麵粉製成稀麵糊，倒到細篩子上，然後靜置1小時。

8 將仙人掌粉、大齒山芹粉、木耳粉裡各加入1小匙水，和到麵糊裡，栀子水直接和到麵糊裡，製作成紅色、綠色、黑色、黃色麵糊。

9 在平底鍋上抹上一層薄薄的食用油，用圓匙舀上一匙匙麵糊（15㎖），在平底鍋上均勻地塗抹上薄薄的一層，注意在塗抹的過程中，可以用匙子轉圈，確保餅的直徑在7～8cm之間。一面烙熟以後，再反過來將另一面也烙熟，最後放到柳條盤上放涼。

材料

2

7

8

9

151

做法

10 將牛肉和香菇分別拌上準備好的醃料，將平底鍋加熱以後，分別用中火炒熟。

11 在平底鍋中分別加入½小匙食用油，用中火翻炒胡蘿蔔、黃瓜。而綠豆芽、石耳則分別拌上鹽和香油。

12 將黃色蛋餅、白色蛋餅各切成4cm長的細絲。

13 待薄餅完全涼透以後疊在一起放到九折板的中間，邊上放上8種食材，擺放時注意相同顏色的食材要呈180度擺在彼此的對面。

14 食用時可以將準備好的8種食材放在薄餅上，再抹上一點芥子醬，最後包起來吃。

• 如果沒有九折板，也可以擺放到白色瓷盤裡。

10, 11

12

• 製作芥子醬

在芥末粉裡加水，攪拌均勻，直至其變得濃稠，然後放到冒熱氣的平底鍋裡，蓋上蓋子保溫（約2小時）。等芥末表面變乾以後，倒上熱水，待芥末裡面的苦味都浮上來以後，將水倒掉，在裡面加上一定分量的醋、白糖、鹽、醬油、水，即可完成。

152

可以應用於九折坂中的材料

　　將八種各不相同的食材，烹飪成美味的菜餚，然後用煎餅捲著吃，這就是九折坂。九折坂可以用各種各樣的材料製作而成，例如洋蔥、蘿蔔、竹筍、蟹肉棒、石耳、沙參、大蝦、鮑魚等，可以應用的材料不計其數。用顏色鮮豔的彩椒汁和麵粉和麵可以讓煎餅的顏色更加漂亮。除此以外，菠菜、荷蘭芹、黑芝麻、甜菜等也都是給煎餅上色的好材料。

九折坂的應用材料

為煎餅上色的材料

九折坂的其他盛放方法

　　如果覺得將各種食材一一地捲起來吃很麻煩，也可以提前將所有材料捲到煎餅裡，用竹籤固定好，盛放到盤子裡。將芥子醬放到小碟裡，和煎餅配著吃。

宮廷廚房和熟手

在電視劇《大長今》裡,「熟手」們在臨時搭建的野外廚房裡準備宴會食物。這種臨時搭建的野外廚房叫作「熟設所」。

蜜果、茶、點心、五味子甜茶、粥等。

由於燒廚房有發生火災的危險,因此距離大殿、王妃殿、世子宮等寢殿很遠。寢殿附近有退膳間,退膳間肩負做米飯、重新加熱在燒廚房烹飪的湯或燒烤食物等菜餚以及擺桌的任務,發揮著中間廚房的作用。退膳間還用來保管碗碟、火爐、桌子等擺桌時必要的器具。

在宮廷中舉行宴會之時,由於需要準備許多食物,所以會臨時建造「假家」,搭建廚房,這種地方叫做「熟設所」。「熟設所」裡往往會配置四十～五十位熟手,負責宴會食物。

宮中的廚房

為王準備御膳、為宮廷準備宴會食物的宮廷廚房,叫做「燒廚房」。燒廚房分為內燒廚房、外燒廚房、生物房(生果房)。內燒廚房是負責烹飪王和王妃平時的早晚飯和午飯的各種菜餚,外燒廚房主要負責宮廷大大小小的宴會、祭祀以及考試中所必要的食物,生果房則主要負責製作除了平時早午飯以外的各種甜點,例如年糕、鮮果、油

宮廷的專業烹調師「熟手」

在大殿、王妃殿、世子宮、文昭殿(太祖的祠堂)等宮殿御膳房做事的奴婢被稱為「闕內各差備」,他們是以烹飪為職業的世襲專家。他們也被稱為司饔院「熟手」或「熟手奴」。據《經國大典》的記載,「闕內各差備」在文昭殿、大殿、王妃殿、世子宮裡共有十六個職務種類,三百五十四人。這些熟手到宮廷裡做事、出入宮廷之中時,需要佩戴一種相當於出入證的信符。熟手分為指揮烹飪的飯監和負責不

《宣廟朝諸宰慶壽宴圖》（1605）是五幅紀錄畫，描繪了家中事奉著七十歲以上老母親的朝中大臣們舉辦宴會的情形，其中生動地呈現了熟設所和廚師的面貌。

熟手和輔助烹飪的雜役各自的業務分配

	負責人	負責事務
熟手 （飯監+色掌）	飯監	指揮烹飪
	別司甕	烹飪肉類
	湯水色	燒水
	床排色	擺桌
	炙色	烹飪魚類
	飯工	做米飯
	泡匠	做豆腐
	酒色	負責酒水
	茶色	負責茶水
	餅工	製作年糕
	蒸色	負責蒸煮
其他	燈燭色	管理燈火、蠟燭
	城上	保管碗碟器具
	守僕	負責打掃
	水工	負責挑水
	別監	負責打掃

同事物的色掌，除了熟手以外，還有輔助進行烹飪的雜役。

御膳房的飯監和諸位色掌可以晉升為司饔院的雜職。司饔院雜職的官職名為宰夫、膳夫、調夫、飪夫、烹夫，宰、膳、調、飪、烹都是和烹飪有關的詞語。

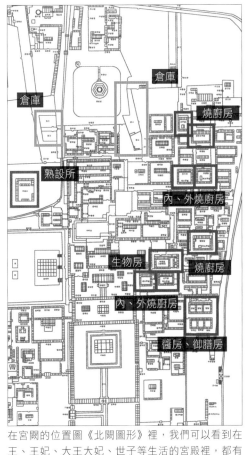

在宮闕的位置圖《北闕圖形》裡，我們可以看到在王、王妃、大王大妃、世子等生活的宮殿裡，都有負責烹飪食物的內外燒廚房、御膳房、生物房（生果房）等地方。

海參狀餃子與
魚餃子

> 小宮女在接受了一段時間的烹飪訓練以後，需要參加一場御膳比賽，以決定是否能夠晉升為正式宮女。當長今要參加這場比賽時，主持人對題目所做出的說明是「是頭非頭，是衣非衣，是人非人」，比賽的主題正是「餃子」。長今猜錯了題目，她獲得的材料並不適合做餃子餡，甚至用來做餃子皮的麵粉都被人偷走了。因此，長今用匏瓜皮和白菜葉子製作了一種別具一格的餃子，恰好大王大妃經過，長今的創意獲得了她的好評。此外，此次比賽中還出現了當時各種不同的餃子，比如包袱餃子、海參狀餃子、菜餡餃子等等。

各種餡料和形狀 | 餃子

餃子本是由中國山東傳入韓國，而蕎麥和小麥多產於北方地區，因此餃子在平安道地區得到了極大的發展，開城地區的菜餡餃子至今仍然是聞名遐邇的地方美食。尤其從儀軌來看，餃子的種類很多，其中流傳到今天仍然備受歡迎的餃子有魚餃子、海參狀餃子、菜餡餃子、餅匙等。韓國人很喜歡吃餃子。餃子皮不僅可以用麵粉製作，還可以用魚、蔬菜、內臟製作而成，在這些材料裡面包上各種餡料，做成口袋的形狀，其中包含著人們祈福的願望。因此在正月裡，人們往往不吃米飯，而是和家人、客人一同分享豐盛的餃子湯。在有喜事的時候，餃子湯也被用來當做宴會食物。總之，餃子可以將各種材料營養均衡地搭配起來，製作起來也省力、方便，一直以來都受到人們的歡迎。

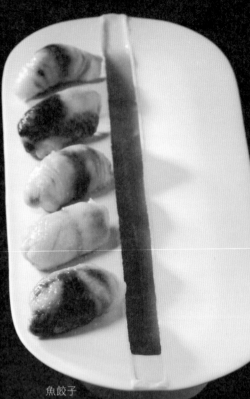

魚餃子

海參狀餃子

海參狀餃子(味餃)

材料

餃子粉 2杯（400g）、鹽1小匙、水6大匙
餡 牛肉（剁碎的）80g、香菇2朵（10g）、黃瓜3條（700g）、鹽2小匙、松子1大匙、食用油½小匙
醃肉料 醬油1大匙、白糖½小匙、蔥末2小匙、蒜末1小匙、芝麻鹽1小匙、香油1小匙、胡椒粉少許
加醋醬油 醬油1大匙、醋1大匙、白糖½大匙、水1大匙
調料用的綠葉約20片

準備

1 在麵粉中倒入鹽水，不停地和麵使麵粉變成麵糰，然後用打濕的棉布包起來靜置30分鐘後，再揉搓一會兒使麵糰更有韌性，最後擀成薄薄的、直徑8cm的圓形餃子皮。
2 將香菇放到涼水裡泡發2小時，擠乾水分之後切成細絲，和剁碎的牛肉攪拌在一起。
3 將黃瓜切成3cm長的小段，去除黃瓜籽部分，將其餘的黃瓜皮、黃瓜肉部分都切成細絲，黃瓜絲加鹽醃漬10分鐘，然後擠乾水分。

做法

4 在肉和香菇裡拌上醃料，用中火炒熟。
5 在平底鍋裡抹上½小匙食用油，大火將黃瓜絲盡快炒熟。
6 將炒好的食材攪拌在一起，做成餃子餡。
7 在餃子皮裡放上一匙餡，注意餡放得稍微細長一些，然後再在餡上放上一粒松子，在餃子皮的邊緣部分抹上水，將兩邊對摺起來，用手指自然地將餃子皮捏出褶皺。
8 在冒熱氣的蒸鍋中鋪上打濕的棉布，將餃子擺放到棉布上，注意餃子之間留有一定的空隙，蒸10分鐘。蒸的過程中稍微灑一點水。
9 將綠葉擺到盤子中，然後將蒸好的餃子放到綠葉上，附帶上一小碟加醋醬油，蘸著吃。

材料

4, 5

7

7

魚餃子

材料

梭魚肉1條魚的分量（400g）、太白粉½杯

魚肉醃料 鹽1小匙、清酒2小匙、薑汁½小匙、白胡椒粉少許

餡 牛肉（剁碎的）100g、木耳3個（10g、泡發後70g）、綠豆芽80g、鹽1小匙

醃肉醬料 醬油1大匙、白糖½大匙、蔥末2小匙、蒜末1小匙、芝麻鹽1小匙、香油1小匙、胡椒粉少許

加醋醬油 醬油2大匙、醋2大匙、水2大匙、白糖1大匙、松子粉少許

準備

1 刀放平，將梭魚肉片成手掌一半大小的薄片，拌上魚肉醃料。

2 將木耳放到熱水中泡發5分鐘，洗乾淨後一片片撕下，切成細絲。

3 將綠豆芽放到沸水中汆燙3分鐘，再用涼水沖洗，切碎後擠乾水分。

做法

4 將切成細絲的木耳和牛肉攪拌在一起，再拌上肉醃料，用中火炒熟。

5 將炒好的材料和綠豆芽攪拌在一起，做成餃子餡。

6 把醃好的魚肉上滲出來的水分擦乾淨，在魚肉的一面撒上太白粉，將準備好的餃子餡舀出一大匙放到魚肉上，用力將這些材料捏成一團，握成餃子的形狀。

7 在冒熱氣的蒸鍋裡鋪上打濕的棉布，蒸大約10分鐘左右，直到魚肉變成透明的顏色。

8 在手上沾水，從鍋裡把魚餃子取出，放涼後盛入盤中，附帶一小碟加醋醬油方便蘸著吃。

材料

1

1

6

6

從魚餃子、海參狀餃子，到華麗的九折坂、神仙爐、燉排骨，用宮廷宴會和御膳桌上不可或缺的菜餚裝點的餐桌。

從「想花」到餃子的變遷

電視劇《大長今》裡選拔御膳房正式宮女的餃子競演比賽的場景。

從高麗時代開始食用的餃子

用蕎麥麵粉或小麥麵粉和麵做皮，在皮裡包上餡，將皮捏起來之後，或蒸或煮，用這樣的方式做成的食物就是餃子。餃子是從中國傳入的，但具體的傳入時間點則不得而知。據《高麗史》記載，忠惠王五年（1343），有人潛入了宮廷內廚偷吃了餃子，官府將此人抓住進行了處罰。從這段記載來看，高麗時代人們就已經開始吃餃子了。高麗時期的歌謠《霜花店》裡描寫的「霜花」，就是一種將麵粉發酵以後，在裡面包上餡後蒸製而成的食物。從這一點我們可以推測，當時餃子已經是一種很普遍的大眾食品了。

到了朝鮮時期，餃子已經完全本土化，在最早的韓文烹飪書籍《飲食知味方》（1670）、柳重臨的《增補山林經濟》（1766）、許筠的《屠門大嚼》（1611）、

作者不詳的韓文烹飪書籍《酒方文》（十七世紀末）中也曾經提及過餃子。特別是《飲食知味方》裡介紹了餃子的各種製作方法，不僅包括用蕎麥麵粉打漿糊、和麵、製作餃子皮的方法，還有將黃瓜、香菇、石耳等切成細絲，做成餡包餃子的方法，用梭魚做餃子皮的魚餃子等各種方法。在電視劇中，今英所包的包袱餃子是以《朝鮮無雙新式料理製法》（1924）裡介紹的方法為基礎構想出來的，而長今所包的菘菜餃子則是以《增補山林經濟》（1766）裡介紹的方法為基礎構想出來的。

宮廷儀軌裡所出現的餃子種類有肉餃子、魚餃子、骨餃子、胖餃子、千葉餃子、生雉（野雞）餃子、生蛤餃子、餅匙、醬菜餃子、冬瓜餃子等，非常多樣。

用發酵麵粉做成餃子皮包餃子的方法也從中國傳入了韓鮮半島，這種餃子在高麗時代被稱為「想花」，但想花從未出現在朝鮮王朝的宮廷宴會儀軌中。1643年的《迎接都監儀軌》中，則出現了想花的影子，這個儀軌記載的是一次招待來自中國使臣的宴會。1867年編纂的《六典條例》中也記載了想花，裡面說「想花的形狀和特點符合中國人的品味，因此當中國使臣來到朝鮮，就會用想花來招待他們」。

另外朝鮮王朝最後一任廚房尚宮韓熙順尚宮曾經傳授給人們宮廷夏季食用的餃

電視劇《大長今》裡介紹的不使用麵粉製作而成的菘菜餃子和匏瓜餃子。

根據《飲食知味方》的菜譜製作而成的蕎麥餃子、想花水餃。

子的製作方法，不過文獻裡沒有記載。這種餃子因為和海參的形狀相似，所以也被稱為「海參狀餃子」。在餃子皮放上黃瓜、香菇、牛肉等，捏成海參的形狀，在蒸鍋的蒸網放上爬牆虎的葉子蒸製而成的。

小麥麵粉餃子、魚餃子等各具特色

根據餃子皮的材料、內餡的材料、烹飪方法、捏成的形狀等不同，可將餃子分成很多不同的種類。小麥粉餃子、魚餃子、蕎麥餃子是根據餃子皮的種類進行分類；南瓜餃子、肉餃子、蘑菇餃子、泡菜餃子則是根據內餡的種類進行分類的。餃子還可以根據形狀，分為三角形的卞氏餃子、海參形狀的海參形餃子、將很多小餃子包在一起做成的包袱餃子等。

現在麵粉已經很常見，所以人們以為餃子皮就應該用麵粉製作。但在以前，麵粉是一種很珍貴的食材。例如《大長今》裡就曾經出現過一段小插曲，描繪了長今因為丟失了為比賽準備的麵粉而驚慌失措的場景。在古代，韓民族將麵粉稱為「真末」，像「真油」（香油）、「真味」（鱸魚）等比較貴重的食物裡都包含著「真」字，可見「真」一般用來形容一些比較珍貴的食物，藉由這一點我們也可以了解到麵粉在古時的珍貴程度。宋朝使臣徐兢（1091～1153）曾訪問高麗，他將自己在高麗的所見所聞記載在了《高麗圖經》之中，這份報告之中也曾經提到，高麗的小麥不足，需要從中國進口，因此麵粉的價格很貴，除非是盛宴的場合否則一般來說不會使用。

Index 大長今細説宮廷料理

古代文獻

《搜神記》中國志怪小説_干寶（中國南北朝時代）。

《需雲雜方》金綏（1540年左右）。

《閨閤叢書》高麗大學本_憑虛閣李氏（1815年左右）。

《甕饎雜誌》徐有榘（1800年代初）。

《林園十六志》鼎俎志_徐有榘（1827）。

《風俗畫帖中「夜宴」》成夾（十九世紀），國立中央博物館所藏。

《飲食知味方》安東張氏（1670年）。

《京都雜誌》柳得恭（1700年代）。

《於于野談》柳夢寅（1622年左右）。

《朝鮮無雙新式料理製法》李用基（1924），永昌書館。

《餿聞事説》李時弼（1740年代）。

《英祖貞純王后嘉禮都監儀軌中「班次圖」》作者不詳（1759），國立中央博物館所藏。

《是議全書》作者不詳（1800年代末）。

《東闕圖》作者不詳（推測在1828～1830），高麗大學博物館所藏。

《閨壼要覽》作者不詳（1896）。

《萬國事物紀原歷史》張志淵（1909），皇城新聞社。

《山家要錄》全循義（推測為1450）。

《麝臍帖中「採乳」》趙榮祐（1726）。

《故事通》崔南善（1943），三中堂書店。

《經國大典》崔恒、盧思慎、姜希孟等（1476）。

《李朝宮廷料理通》韓熙順、黃慧性、李惠敬（1957），學總社。

《東國歲時記》洪錫謨（1849）。

《高宗戊辰年進饌儀軌》藏書閣所藏。

《高宗丁亥年進饌儀軌》藏書閣所藏。

《園幸乙卯整理儀軌》首爾大學奎章閣所藏。

《憲宗戊申年進饌儀軌》藏書閣所藏。

《朝鮮王朝實錄》（中宗實錄影印本15、16、19卷）。

《千萬歲東宮大人冠禮時賜饌床件記》（1882），韓國學中央研究院所藏。

單行本

《閨閤叢書》憑虛閣李氏著，鄭揚婉譯（1986），寶晉齋。

《韓國飲食大觀（第6卷）》黃慧性（2000），韓國文化財保護財團。

《重讀、重學山家要錄》韓福麗譯著（2007），宮廷飲食研究院。

《重讀、重學飲食知味方》（影印本-解説篇）韓福麗等譯著，黃慧性編審（2000），宮廷飲食研究院。

《韓國人的醬》韓福麗、韓福真（2013），教文社。

《黃慧性、韓福麗、鄭吉子代代傳承的朝鮮王朝宮廷飲食》韓福麗（2014），宮廷飲食研究院

《我們真正需要了解的我國百種飲食1》韓福真、韓福麗、黃慧性編審（1998），玄岩社。

《我們真正需要了解的我國百種飲食2》韓福真、韓福麗、黃慧性編審（1998），玄岩社。

《朝鮮朝時期宮廷的食生活文化》韓福真（2013），首爾大學校出版文化園。

《朝鮮王室的餐桌》韓食財團（2014），翰林出版社。

同時推薦

為全球讀者提供的
《韓國飲食200選》
韓食財團◎著

飯‧粥‧麵‧醬‧湯‧火鍋‧煎餅‧泡菜‧韓菓
融合「醫食同源」「陰陽五行」的韓食風靡全球，
本書一次端上200種韓國料理，帶你深入探索韓食文化！
從挑選食材到烹飪手法，圖文並茂清楚解說，
讓你在家就能DIY紫菜飯卷、蔘雞粥、雪濃湯，
品嚐最道地、最到味的韓國美食！

11月即將上市

Creative 121

大長今細說宮廷料理

韓食財團◎企劃編著
韓福麗◎文字

出版者：大田出版有限公司
台北市10445中山區中山北路二段26巷2號2樓
E-mail：titan3@ms22.hinet.net
http：//www.titan3.com.tw
編輯部專線（02）25621383　傳眞（02）25818761
【如果您對本書或本出版公司有任何意見，歡迎來電】
行政院新聞局版台業字第397號

總編輯：莊培園
副總編輯：蔡鳳儀　執行編輯：陳顗如
行銷企劃：古家瑄、董芸
校對：金文蕙、鄭秋燕
美術編輯：張蘊方
法律顧問：陳思成 律師
印刷：上好印刷股份有限公司 (04)23150280
初版：2017年（民106）09月01日
定價：新台幣380元

國際書碼：ISBN 978-986-179-500-3 / CIP：427.132/106011772

企劃和編著 by 韓食財團
料理，文字 by 韓福麗（韓國宮廷飲食研究院）
Copyright © 2016 by 한식 재단
All rights reserved.
Original Korean edition published by 한식 재단
Complex Chinese copyright © 2017 by Titan Publishing Co.,Ltd
Complex Chinese copyright through 連亞國際文化傳播公司